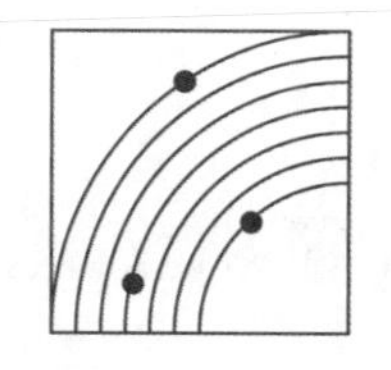

自然资源空间
多源遥感监测应用研究

赵雷　赵俊三　林伊琳　李素敏　著

图书在版编目(CIP)数据

自然资源空间多源遥感监测应用研究/赵雷等著 .—武汉:武汉大学出版社,2024.4

ISBN 978-7-307-24288-3

Ⅰ.自… Ⅱ.赵… Ⅲ. 遥感技术—应用—自然资源—监测系统—研究 Ⅳ.P962

中国国家版本馆 CIP 数据核字(2024)第 039093 号

责任编辑:杨晓露　　责任校对:李孟潇　　版式设计:韩闻锦

出版发行:**武汉大学出版社** (430072 武昌 珞珈山)
(电子邮箱:cbs22@ whu.edu.cn 网址:www.wdp.com.cn)
印刷:湖北金海印务有限公司
开本:787×1092 1/16 印张:12.5 字数:257 千字 插页:2
版次:2024 年 4 月第 1 版 2024 年 4 月第 1 次印刷
ISBN 978-7-307-24288-3 定价:85. 00 元

前　言

近年来，高新技术快速发展，同时生态文明建设工作积极推进，对自然资源遥感监测内涵和外延以及技术体系，均有着更高、更新的要求。国土资源管理向着自然资源管理发展，即从单一要素发展为全要素；基于技术的创新和升级，进入遥感卫星3.0时代；卫星遥感技术与大数据技术、云计算技术、5G技术等融合应用。在以上发展背景和趋势下，构建完善的自然资源多源遥感监测体系，对促进各项自然资源管理工作高质量落实有着重要的意义。

2020年1月，习近平总书记考察云南时指出，"新时代抓发展，必须坚定不移贯彻创新、协调、绿色、开放、共享的新发展理念，推动经济高质量发展"。良好的自然资源是云南的宝贵财富，一定要世世代代保护好。根据自然资源和规划管理"两统一"职责的要求，以及"山水林田湖草生命共同体"国家生态文明建设的总体目标，现阶段，各级自然资源管理部门必须充分利用现代化的技术方法和手段，全面提升自然资源和国土空间管理与治理能力。自然资源部2020年1月17日发布《自然资源调查监测体系构建总体方案》，明确了自然资源调查监测工作的任务书、时间表，为加快建立自然资源统一调查、评价、监测制度，健全自然资源监管体制，切实履行自然资源统一调查监测职责提供了重要遵循和行动指南。

"山水林田湖草"自然资源统一监管监测，是国家生态文明建设和自然资源部履行统一行使全民所有自然资源资产所有者职责，统一行使所有国土空间用途管制和生态保护修复职责(简称"两统一"职责)的重要落脚点。由于自然资源类型多样、周期各异、分布零散，导致自然资源监管监测存在诸多困难。

自然资源管理与治理需要集成现代遥感、测绘等高技术手段，突出调查成果的信息化表达和综合展示，保证成果真实准确可靠。遥感技术能够远距离、非接触精准探测目标物，具有空间覆盖广、快速、信息丰富等特点，是空间信息动态采集与监测的重要技术手段。当前天空地多源遥感数据获取方面，已呈现多视角成像、多模态协同、多时相融合、多尺度联动等态势，观测手段越来越灵活，数据获取成本大幅下降，更多用户可以使用不同来源、不同视角、不同分辨率、不同时相，甚至不同模态的影像联合完成观测任务。天空地多源遥感数据处理方面，则呈现多特征耦合、多控制约束、多架构处理、多学科交叉等趋势，可以充分发挥多源多重覆盖观测数据的互补性和冗余性优势，并交叉融合多个学科的最新研究成果，构建实时或准实时智能处理技术体系，为天空地多源遥感数据在自然资源与规划领域的应用奠定基础。

本书深入探索了多源遥感信息提取与识别、数据融合、变化检测、数据更新等关键技术在自然资源管理与治理中的应用。主要围绕土地利用变化检测、城市沉降、土地覆被及水体识别、地质灾害风险、矿山开采超采越界、国土空间生态修复等方面进行多源遥感监测示范应用研究，对提升多源遥感数据的业务技术支撑能力和综合服务能力具有重要意义。

本书的出版得到国家自然科学基金项目“滇中城市群‘三生空间’多尺度耦合及多目标协同优化研究”(42301304)、云南省哲学社会科学规划项目“云南耕地时空分布特征与数量质量动态平衡研究”(ZD202218)、云南省基础研究计划项目“基于功能分区视角的滇中城市群国土空间特征识别与格局优化重构”(202201AU070112)的资助。编著本书过程中引用和参阅了国内外学者的相关研究成果，在此一并表示诚挚的感谢！

参与本书编写的单位有昆明市测绘管理中心、昆明理工大学、云南云金地科技有限公司、云南省国土资源规划设计研究院等。赵雷、赵俊三、林伊琳主持本书的撰写工作，并负责统稿、修改与审定。其余章节撰写分工如下：第 1 章(赵雷、赵俊三)，第 2 章(杨贵梅、袁翔东、包银丽)，第 3 章(周龙进、张金、王琳)，第 4 章(王彦东、瞿国寻、周龙进)，第 5 章(李素敏、杨贵梅、赵俊三)，第 6 章(张金、马显光、陈国平)，第 7 章(袁翔东、王琳、白旭)，第 8 章(李素敏、包银丽、赵雷)，第 9 章(李坤、陈国平、覃彬桂)，第 10 章(林伊琳、李艳、王杰星)，第 11 章(林伊琳、姚皖路、白旭)。

本书的出版，集中了高校、企事业单位、研究机构等多方科技人员、管理人员的研究成果。由于研究深度和水平有限，书中难免有疏漏和不妥之处，敬请广大读者批评指正！

赵雷

2023 年 9 月

目　　录

第1章
绪　论

1.1　自然资源与多源遥感技术

1.1.1　概念内涵

自然资源是指在一定时间和空间范围内，通过一定的技术条件，能够为人类利用并产生经济价值的自然物质和能量的总和，包括土地资源、农业资源、森林资源、水资源、生物资源、海洋资源、能源资源、气象资源。2018年3月，中华人民共和国自然资源部组建后，提出“山水林田湖草”自然资源整体保护、系统修复、综合治理的新使命。

自20世纪60年代末第一颗人造地球资源卫星发射以来，空间遥感技术得到了长足发展，在世界各国的经济、政治、军事等领域内发挥着日益重要的作用，同时遥感卫星的地面分辨率越来越高，获取的信息量越来越大，应用范围也越来越广。由多个传感器获得的同一场景的遥感数据或同一传感器在不同时刻获得的同一场景的遥感数据，称为多源遥感数据。多源遥感技术是在遥感技术的基础上，利用光学、红外等不同传感器实现地面观测，取得的数据具有多时相、多光谱、多分辨率等特征。与单源遥感数据相比，多源遥感数据所提供的信息具有冗余性、互补性和合作性，通过融合多源遥感数据，可以提高影像的空间分辨率和清晰度，提高平面测图精度、分类精度与可靠性，增强解译和动态监测能力，减少模糊度，有效提高遥感影像数据的利用率等，最终将同一环境或对象进行综合，获得满足某种应用要求的高质量信息。多源遥感数据具有光谱信息丰富、覆盖面积大、空间分辨率相对较高的特点，让使用者得到比单一信息源更精确、更完全、更真实、更可靠的估计和判断。

多源遥感技术的独特优势在自然资源管理中发挥着极其重要的作用，在国土调查、生态环境监测、林草湿地资源调查、矿产资源开发、环境监测以及自然资源执法监察等领域有着广泛的应用。

1.1.2 自然资源空间多源遥感技术应用背景

1.自然资源管理与治理以现代遥感技术为支撑

习近平总书记在十九大报告中明确提出，要“加强对生态文明建设的总体设计和组织领导，设立国有自然资源资产管理和自然生态监管机构，完善生态环境管理制度，统一行使全民所有自然资源资产所有者职责，统一行使所有国土空间用途管制和生态保护修复职责（简称“两统一”职责）”。自然资源部2020年1月17日发布《自然资源调查监测体系构建总体方案》，明确了自然资源调查监测工作的任务书、时间表，为加快建立自然资源统一调查、评价、监测制度，健全自然资源监管体制，切实履行自然资源统一调查监测职责提供了重要遵循和行动指南。

技术体系是自然资源调查监测体系构建的一项重要内容。先进高效的技术手段是调查监测工作顺畅进行的重要保证，也是调查成果真实准确的重要保障。在数据获取方面，一是卫星遥感可实现大范围、高分辨率影像数据的定期覆盖，目前由自然资源部牵头在轨运行的国产公益性遥感卫星达到18颗，形成了大规模、高频次、业务化卫星影像获取能力和数据保障体系，能够支持周期性的调查监测；二是各种无人机航空遥感平台可以支撑局域的精细调查与动态监测；三是基于互联网和手持终端的巡查工具，能够实现地面场景的快速取证、样点监测。综合利用这些先进观测与量测技术，构建“天-空-地-网”一体化的技术体系，可以大幅度提升调查工作效率，逐步解决足不出户的实时变化发现与监测问题。在信息提取方面，大数据、人工智能、5G、北斗定位等技术的快速发展与融合应用，使基于影像的地表覆盖及变化信息的高精度自动化提取成为可能；基于多源数据的定量遥感反演技术，为提取森林蓄积量等相关自然资源参数提供了先进手段。

根据“两统一”职责的要求，以及“山水林田湖草生命共同体”国家生态文明建设的总体目标，现阶段，各级自然资源管理部门必须充分利用现代化的技术方法和手段，全面提升自然资源和国土空间管理与治理能力。由于自然资源类型多样、周期各异、分布零散，导致自然资源监管监测存在诸多困难。遥感技术能够远距离、非接触精准探测目标物，具有空间覆盖广阔、快速、信息丰富等特点，是空间信息动态采集与监测的重要技术。山水林田湖草全要素、全天候、全天时、全尺度的卫星遥感监测体系离不开调查方法与技术手段的综合运用，自然资源管理与治理需要集成现代遥感、测绘等高技术手段，提升自然资源监管监测能力，突出调查成果的信息化表达和综合展示，保证成果真实准确可靠。

2. 多源遥感数据为国土空间布局优化提供了新视角

国土空间包含行政地域、景观地域以及经济地域。传统的定性分析或基于统计调查数据的定量分析已无法满足当前对城市多尺度空间结构问题研究的需求。随着地理信息系统与遥感技术的不断发展，不同分辨率、不同数据源的遥感影像在城市体系研究中逐渐取得了较多的应用。随着目前在轨卫星数量的不断增加和类型的逐渐丰富，卫星组成星座协同观测能力不断增强，影像数据能做到当日获取、处理、质检、分发，遥感数据涵盖了光学、高光谱、干涉雷达、激光测高和重力等类别，形成了多元化的数据产品体系。卫星遥感监测频次增加、精度提升，不仅对新增建设用地变化的“早发现”提供了实时有效的支撑，而且将覆盖全国的季度化常态监测对象扩展到耕地、森林、湿地、水域等类别。当前，各种类型的遥感数据为城市形态地域的识别提供了便利。通过多源数据记录区域范围内人类活动强度信息、自然资源信息、城市的规模与空间信息，反映地区的经济发展水平，通过多源遥感大数据，可以对不同尺度城市空间结构的特点和关联进行分析。借助多源遥感与地理大数据，构建合适的研究思路与分析方法，进行多尺度城市空间结构研究成为国土空间规划的重要议题。

3. 多源遥感调查已成为科学、客观、准确的土地基础数据重要来源

第三次全国国土调查（以下简称“三调”）数据在第二次全国土地调查的基础上做了细化，按照国家统一标准，利用遥感、测绘、地理信息、互联网等技术，实地调查土地的地类、面积和权属，全面掌握全国各地类土地分布及利用状况，是实施土地供给侧结构性改革的重要依据；是合理确定土地供应总量、结构、布局和时序，围绕“三去一降一补”精准发力的必要前提；是优先保障战略性新兴产业发展用地，促进产业转型和优化升级，推进实体经济振兴和制造业迈向中高端的现实需要。对耕地、园地、林地、草地、养殖水面等地类现状进行遥感信息提取，特别是细化耕地调查，全面掌握全省耕地数量、质量、分布及构成，是实施耕地质量提升、土地整治、建立高标准农田、合理安排生态退耕和轮作休耕规模、严守耕地红线的耕保前提，是加强耕地的建设性保护，激励性保护和管控性保护、建立健全耕地保护长效机制的根本保障。

传统的土地调查获取手段存在更新周期长、覆盖面有限、成本高、费时费力的缺陷，不能完全满足自然资源与规划部门的需求。研究通过遥感实现大面积检测和识别的技术，在时效性、经济性、覆盖范围方面都具有明显优势，可以提高内部解译的效率和准确性，减少外业工作时间和人力物力成本。

在“三调”中，需要综合应用卫星遥感影像和航空摄影测量成果。以多源卫星遥感影像统筹获取、卫星遥感影像集群化快速处理、遥感监测图斑快速提取、信息化应用为技术轴线，

以土地利用现状变化监测和月度批供用常态化监测为业务轴线，可以全面查清城乡各类土地利用现状，并重点调查耕地和永久基本农田状况，能够缩短调查周期，且大幅提高“三调”成果的精细度和准确度，形成全面、客观、科学、准确的土地基础数据。

1.2 多源遥感的发展演进

1.2.1 多源遥感数据的发展演进

目前，卫星遥感以多光谱、多时相、多分辨率、多传感器的特点全天候地提供海量的观测数据，已经进入了遥感大数据时代。遥感数据应用种类繁多，根据传感器的特点主要分为两类：光学遥感数据、微波遥感数据。其中：光学遥感数据应用较广泛的类型为高空间分辨率和高光谱分辨率遥感数据，例如 Sentinel 系列、Landsat 系列、高分一号/六号宽覆盖等 5～15m 分辨率的多模态遥感数据；微波遥感数据应用较广泛的类型为合成孔径雷达（SAR）遥感数据。当前，高空间分辨率、高光谱分辨率和 SAR 遥感数据广泛应用于自然资源调查监测评价中。

中国的遥感卫星正处于快速发展阶段，中国自 2010 年建设高分辨率对地观测系统以来，陆续发射了高分一号、二号、三号、四号、五号、六号等遥感卫星，基本形成全覆盖、全天候、全要素的遥感信息获取观测体系，为自然资源调查、环境综合监测、防灾减灾等提供了技术支撑。

国际上已经形成各种高、中、低轨道相结合，大、中、小卫星相协同，高、中、低分辨率相弥补的全球对地观测体系。国际合作和开放共享趋势也越来越明显，例如 Sentinel 系列、Landsat 系列、高分一号/六号宽覆盖等 5～15m 分辨率的多模态遥感数据均可全球免费使用，大大促进了摄影测量与遥感信息提取技术的全球普及应用。在航空和低空摄影测量领域，也建立了米级、分米级乃至厘米级地面分辨率的多尺度联动观测体系，为准实时联合观测提供了非常有效的技术支撑。遥感观测数据源可以按照不同的平台分为地面遥感、航空遥感和航天遥感。地面遥感难以应对大尺度、大面积的自然资源空间监测任务，航空遥感可以实现高空间分辨率、高光谱分辨率数据（双高数据）的获取，但航空遥感成本较高，且难以对大范围区域进行长时序的监测。航天平台受观测能力的限制，星载数据往往只能在空间分辨率、光谱分辨率、时间分辨率等性能上有所取舍，一般分为高光谱遥感影像、高分辨率遥感影像和中低分辨率影像。目前常用的不同类型遥感观测数据源见表 1-1。

表 1-1　目前常用多源遥感观测数据源

数据类型	名称	空间分辨率	波段数目	在轨时间	重访周期
低空航飞数据	HYSPEX	—	436	—	—
	AVIRIS	—	224	—	—
	HYDICE	—	210	—	—
	CASI-1500	—	114	—	—
	ROSIS-03	—	115	—	—
	UAVSAR	—	L	—	—
中分辨率数据	Landsat 7	15m/30m/60m	8	1999年至今	16天
	Landsat 8	15m/30m/100m	11	2013年至今	16天
	Landsat 9	15m/30m/100m	11	2021年至今	16天
	Sentinel-2	10～60m	13	2015年至今	5～10天
高分辨率数据	WorldView1～4	0.31～0.50m/1.24～1.85m	4～8	2007年至今	1～1.7天
	高分一号	2m/8m	4	2013年至今	2～4天
	高分二号	0.8m/3.2m	4	2014年至今	5天
高光谱数据	MODIS	250m/500m/1000m	36	1999年至今	16天
	CHRIS	17m/34m	153	2001年至今	7天
	HJ-1A-HSI	100m	115	2008年至今	31天
	珠海一号-OHS	10m	256	2018年至今	1～2天
	高分五号-AHSI	30m	330	2018年至今	51天
雷达数据	TerraSAR-X	1～16m	X	2007年至今	11天
	Radarsat-2	1～100m	C	2007年至今	24天
	Sentinel-1	5～40m	C	2014年至今	12天
	ALOS2-PALSAR2	1～100m	L	2014年至今	14天
	高分三号	1～100m	C	2016年至今	1.5～3天

随着遥感技术的发展，人们已经建立空天地遥感数据获取体系，可以提供多传感器（红外、多光谱、高光谱、LiDAR、雷达等）、多层次（遥感对地多尺度观测）、多角度、多维度和多时相的遥感观测数据。每种传感器都有其优劣势，例如光学传感器成像直观，只对地表可见的

地物观测有效，当遇到云、雾或下雨天气时会出现对地观测的不准确甚至直接被遮挡的情况；合成孔径雷达具有较强穿透性，不受天气影响，但噪声较多，导致精度低于光学传感器。因此，不同传感器难以互相替代，加之多种传感器的使用仍然存在时效性和有效数据融合的问题，遥感数据处理效率和信息提取能力成为限制遥感应用的关键问题。多源遥感数据通常包含多种数据源信息，多模态数据中丰富的特征在大图幅遥感场景应用时的目标要素分类任务中能够带来有价值的信息。多源遥感数据的处理包括数据配准、校正等工作，获得高质量的遥感数据可为自然资源监测提供数据支撑。多源遥感数据可以作为目标影像变化监测数据。目前利用深度学习可以很好地提取目标要素。在实际应用中，所面临的问题更加复杂，需要探索泛化能力更强的模型，尤其是多任务、多模态一体化联合学习模型成为遥感目标识别的发展趋势。

天空地综合观测体系的建立和各类成像传感器的极大丰富和发展，使得对地观测成像的时间分辨率越来越高，完全颠覆了以往需要数月甚至更久才能重复获取大范围数据的历史。遥感信息的处理及应用也已从单一资料分析向多时相多数据源复合分析过渡、从静态分布研究向动态监测过渡，从对各种现象的表面描述向周期性规律挖掘和决策分析过渡。时间有序、空间对齐、辐射一致的高质量多时相遥感影像序列，在地物信息自动提取、自然资源监测评估、生态红线监测、违法用地变化监测、目标识别与动态监控等领域有着非常广泛的应用前景。

1.2.2 多源遥感数据的智能处理

21世纪以来，随着云计算、大数据、物联网、机器学习等信息技术领域的飞速发展，人类已进入人工智能新时代。伴随着传感器、通信技术的发展，人类已构建起天-空-地一体的遥感对地观测网，实现了对地表信息快速、高效地收集。天空地一体化广义摄影测量学的全面发展和智能服务，尚需在天空地多视角/多模态影像处理、智能信息提取与监测、点云与影像联合建模、无人系统自主导航、智能制造系统视觉检测等方面取得更大突破，形成从天空地多源遥感数据实时/准实时智能集合处理到信息提取服务的完整理论和技术体系。但相对于非常强大的天空地多源遥感数据获取能力，当前的多源遥感数据处理理论和方法还存在种种制约，遥感信息产品的快速生产和服务能力显著滞后，海量数据堆积与有限信息孤岛并存的矛盾仍然突出。天空地一体化多源数据智能处理的理论技术和应用领域需要取得更大突破。例如天空地多视角/多模态影像几何处理、多时相影像智能信息提取与动态监测、激光点云与多视角影像联合精细建模等，以便充分发挥每个平台、每个传感器、每个谱段、每个有效像元的作用，形成从天空地多源遥感数据几何处理到信息提取和智能决策服务的完整理论和技术体系。目前多源遥感智能处理主要有以下5个关键问题：

(1) 多源遥感数据的几何配准精度。目前，学者们已经提出了尺度不变特征变化算法

(SIFT)、归一化互相关法和有理多项式系数模型等多种遥感影像配准方法。例如,SIFT对影像配准时会产生大量的误配对点,造成配准精度不高。归一化互相关法需要两幅影像之间的灰度变化具有线性关系,才能得到理想的匹配结果。不同遥感平台的数据获取方式不同、时间不同、平台姿态不同及影响因素不同等,导致遥感数据之间的配准存在非常大的困难。例如,光学影像和合成孔径雷达影像的成像机理不同,造成它们之间严重的几何变形和辐射差异,配准非常困难。另外,遥感数据预处理步骤和重投影等不同均会影响遥感数据的几何精度。例如,正弦投影的MODIS产品在中纬度和两极图像畸变非常明显。但随着人工智能的发展,群智能算法、进化算法和深度学习已经在遥感图像配准中得到了应用。群智能算法具有智能、并行和鲁棒的特点,对初始条件不敏感,可在各种情况下找到最优解。进化算法是一种启发式的全局优化概率搜索算法,可以很好地适用于遥感图像配准,并取得令人满意的结果。深度学习可以进一步提高遥感影像配准的精度和鲁棒性。利用人工智能方法提高多源遥感图像配准的精度和速度成为重中之重。

(2) 天空地多源遥感影像多特征自动匹配。在天空地多视角/多模态影像获取过程中,由于平台飞行高度不同、传感器成像模式不同、成像视角显著差异等因素,导致影像间存在很大的透视几何变形和非线性辐射畸变等现象,基于灰度的传统特征点影像匹配方法在多视角影像连接点自动匹配方面已不再适用。以SIFT、SURF、A-SIFT等为代表的经典特征匹配方法,已被广泛应用于影像匹配/配准、目标检测识别等领域。但是,经典特征匹配方法对非线性辐射差异和透视几何形变较为敏感,对于多视角/模态影像无法获得稳定可靠的同名特征,因此需要研究具有多重不变特性的多模态影像高可靠性特征匹配方法,构建尺度、旋转及非线性辐射差异不变的稳健特征描述符。而激光点云和天空地多视角影像间,由于数据特性差异太大,多重不变特征描述符也无法实现有效匹配,还需要挖掘更高层次的稳定特征。例如,从两类数据中提取稳定的线特征、角特征及交叉点特征(属于面特征),并在初始定位定姿参数的辅助下缩小同名特征搜索范围,进行多种特征耦合的高精度自动匹配。

(3) 天空地多源遥感影像联合区域网平差。天空地多源遥感影像联合平差,涉及卫星、航空、低空、地面等不同观测视角,线阵、面阵等不同成像模式,光学、微波、激光等不同观测模态,数据种类繁多,观测机制复杂,需要研究建立各类影像的误差模型,解决不同原始观测资料间的相关性及方差分量估计问题,以及同名特征中粗差观测值的稳健探测剔除问题。传统航空和航天摄影测量的成像中心规则排列及法方程带宽优化方法不再适用,需要研究突破天空地多源立体观测超大规模方程组的压缩存储和快速解算方法,如超大规模病态法方程几何结构优化、超大规模方程组压缩存储、CPU/GPU联合并行解算,甚至无须存储大规模法方程的共轭梯度快速解算方法等,获取各影像的全局最优精确对地定位参数。在保证全球地理信息资源建设等超大规模区域网平差成果绝对定位精度方面,则需要充分发挥各类已有地理信息的控制作用,如公开DEM/DOM、OpenStreetMap矢量图等中等精度公众地理信息，高精度控制点影像库、星载激光测高数据、机载/车载 LiDAR 点云、高精度 GIS 矢量、空三后原始立体影像、高精度定位定姿观测值等高精度控制资料，实现全自动化的云控制联合区域网平差。

(4) 多时相影像智能信息提取与变化监测。多时相遥感影像中地形地物信息的自动提取与动态变化监测，是遥感走向智能信息服务的必由之路和经典难题。通过智能数据处理手段，进行精确配准、无效像元检测消除、辐射校正及影像合成，生成时间有序、空间对齐、辐射一致的高质量多时相遥感影像序列，是地物信息自动提取、自然资源监测评估、土地利用动态监测、目标识别与动态监控等应用的前提。传统的遥感影像处理方法及近年来流行的深度学习在多时相遥感影像地物智能提取及变化监测方面尚面临巨大挑战，例如深度学习得到的像素级分类结果距离规则化矢量成果仍然有相当差距；而且国际上目前尚无遥感领域专用的深度神经网络，只能通过数据裁剪等手段使遥感影像适应已有的通用图像处理深度学习框架。因此需要针对遥感影像数据的特殊性及实时智能处理需求，研究创建面向遥感数据智能目标识别与信息提取的自主产权深度学习框架，并研究空-谱信息联合和多技术融合的多时相遥感影像目标识别提取与动态监测方法。基于深度学习的方法尚缺乏同时提取道路路面和拓扑网络的能力，让深度学习模型高效融合时空特征，像人类一样理解农作物长势并区分不同作物，仍任重道远。需要充分结合深度学习机制和传统优化方法各自的优势，例如基于全卷积网络和边缘规则优化进行建筑物提取，利用分割结果和中心线矢量追踪相融合进行路面及路网提取，利用 3D 卷积神经网络学习高维时空特征实现农作物提取分类等。另外，地物目标提取结果，也可以反向融入多源影像几何处理过程，形成全新的几何语义一体化处理机制，进一步提高处理精度和稳定性。

(5) 基于深度学习的多源遥感影像目标检测/变化监测。随着深度学习理论的发展，学者们对基于深度学习的遥感图像融合进行了大量的研究，与传统的遥感图像融合方法不同的是，基于深度学习的遥感图像融合直接将原始数据输入网络中进行训练与学习，避免了人工提取信息过程中所产生的误差，使得其性能明显提高，而且深度学习模型利用多时间数据中的空间和上下文信息来学习分层特征表示，这些高级特征表示在变化检测任务中具有较好的鲁棒性。随着深度学习应用研究的逐步深入，目前出现不需要使用分类后比较的变化监测方法。这类方法通过输入不同时相的遥感影像直接得到它们的土地利用的变化信息，属于有监督学习的变化监测方法。基于深度学习的目标检测算法起源于自然场景图像的目标检测，发展过程包括两阶段目标检测算法、单阶段目标检测算法和遥感影像目标检测算法。R-CNN 的出现促进了两阶段目标检测算法的发展，最具代表性的两阶段算法包括 Fast R-CNN 和 Faster R-CNN。两阶段目标检测算法的目标检测精度较高，但计算量大和处理时间长，因此不能满足实时检测需求。于是学者发展提出了单阶段目标检测算法，网络结构简单，目标检测速度快，能够满足实时检测的需求，但是检测精度相对较低。近年来，学者为了保留两阶段和单阶段检测网络的优点，同时摒弃各自的缺点，提出了 RefineDe 和 RetinaNet。随着计算机视觉技术的发展和遥感影像目标检测数据集(如 DOTA)的发布，相关目标检测算法(如 RRPN)被应用到遥感影像目标检测任务中来，并获得较好的检测结果。大量研究表明，基于深度学习的变化监测和目标检测方法在特征提取方面优于传统方法，这得益于其强大的建模和学习能力。基于深度学习的遥感卫星影像变化监测流程图如图 1-1 所示。

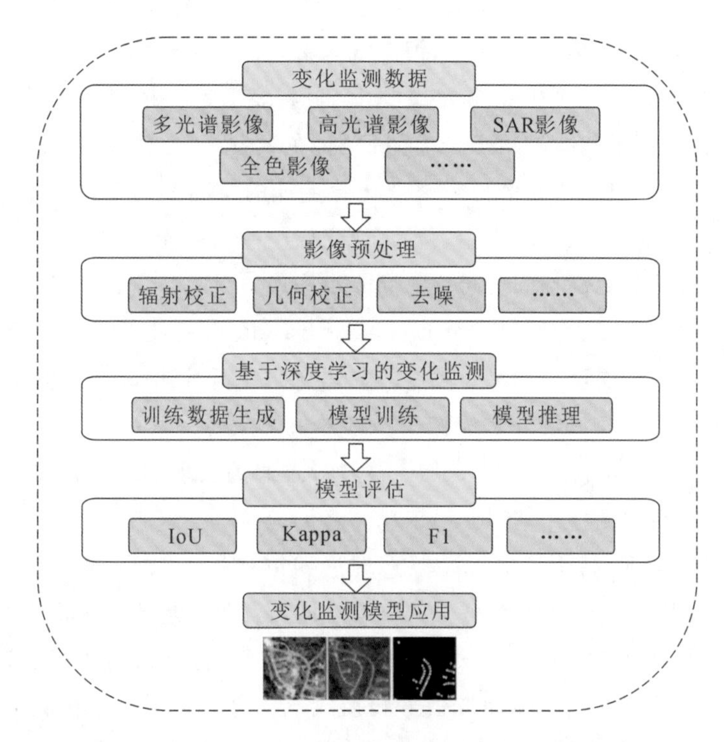

图 1-1　基于深度学习的遥感卫星影像变化监测流程图

1.2.3　多源遥感影像应用

近年来，随着遥感技术的发展，高光谱、红外、雷达等多源遥感成像手段在资源调查、环境监测、军事国防等重要领域发挥着越来越重要的作用。同一场景多源遥感图像观测的地物对象相同，但观测的维度不同，图像的空间、光谱与时间分辨率存在差异，提供的信息既具有冗余性，又具有互补性和合作性。

全色、多光谱和高光谱图像均通过光学成像手段获取。光学成像时，光电感应装置将光信号转换为电信号，量化后的电脉冲信号记录为像素值。成像的过程是对电磁波能量的采样，在光谱维采样得到光谱信息，在空间维采样得到空间信息，受限于传感器的采样极限，成像系统不得不在空间和光谱信息之间有所权衡。

全色图像只有一个波段，波段范围在 0.50～0.75μm 之间，图像显示为灰度图片，其空间分辨率高，包含地物细节信息丰富，能够获取地物精细的几何和纹理特征，但缺乏光谱信息。

多光谱图像具有多个波段的光谱信息，其空间和光谱分辨率介于全色图像与高光谱图像之间，因此多光谱图像在融合过程中可为全色图像提供光谱信息，也可为高光谱图像提供空间信息。多光谱图像的光谱波段通常是经过严格设计的，按一定的顺序进行波段组合和数学运算，便可在图像上突出植被、水体、海岸线等特定的目标地物。

高光谱图像具有几十甚至上千个光谱波段，能够捕捉地物精细的光谱信息，光谱范围大，波段信息丰富，常用于地物的精细分类与识别，在城乡规划、精准农业、环境监测等领域有广泛的应用需求。但更高的光谱分辨率意味着更低的空间分辨率，在图像质量和空间分辨率上会有所受限。因此，在实际应用中常将高光谱图像与多光谱、全色和合成孔径雷达图像进行融合处理，以得到更高空间分辨率的高光谱图像。

热红外遥感图像反映地物的温度分布。红外线 IR 在电磁波频谱中处于可见光与无线电波之间，自然界中一切温度高于绝对零度的物体会向外辐射红外线，成像系统接收到目标的红外辐射，在处理后转换成红外热成像图。红外遥感成像一般应用于地表温度反演与热环境分析，已成功应用在消防、地质等领域。热红外遥感为实现实时动态农业旱情监测开辟了新途径，具有不可替代的作用。

合成孔径雷达(SAR)利用了多普勒频移理论和雷达相干原理，是一种主动成像方式。合成孔径雷达一般由天线阵列构成，各天线阵元之间相互干涉形成较窄波束，当星载或机载雷达沿着轨道飞行时，合成孔径雷达发出微波，由于地面目标与雷达间存在着相对运动，雷达将接收到的回波信号进行叠加，回波信号转换成电信号并记录成数字化像元，形成 SAR 图像。合成孔径雷达记录的回波信号是地物的后向散射能量，能够反映地物的表面特性和介电性质。此外，得力于合成孔径成像机制，SAR 在方位和距离上都能获得很高的几何分辨率，突破了经典雷达的分辨极限。使用主动微波成像，穿透作用较强，能够有效探测伪装目标，且成像不受光线、气候和云雾限制，故在军事侦察、地理测绘、灾害监测等领域具有很高的实际应用价值。此外，部分地物具有独特的微波反射特性，如金属、树林等地物的微波反射率远远高于其他地物，麦穗、砾石等大小与雷达波长相等的物体会与雷达波产生谐振，形成强烈回波。因此，SAR 图像可以反映远小于图像分辨率的某些地物，如高压线、铁路等。基于合成孔径雷达的工作特性，利用相位差获取地形高程数据的合成孔径雷达干涉测量技术 InSAR 已经得到工程化应用，并成为地表形变监测的重要手段。此外，电磁波的另一属性——极化，是除频率、相位和幅度之外的重要属性，极化 SAR 系统(PolSAR)已经成为一种比较成熟的技术，即接收和发送的电磁波以水平(H)和垂直(V)方向任意组合，常用的极化方式有单极化、双极化和全极化。极化 SAR 图像的优势在于丰富了目标的散射信息，增加了目标观测和感知的维度，在农业、地质、水文和海冰监测方面都得到了广泛研究和应用。

激光雷达 LiDAR 也是一种主动成像方式，其成像原理与合成孔径雷达类似，是工作在红外至紫外区间的光频波段雷达。激光雷达具有很好的单色性、方向性与相干性，激光能量集中，探测灵敏度和分辨率高，可以精确跟踪识别目标的运动状态和位置。与合成孔径雷达相比，激光雷达的激光束窄，故其被截获的概率很低，隐蔽性好。功能相似的情况下，激光雷达装置的体积比合成孔径雷达装置要小，被成功应用于城市三维建图、气象监测、油气勘察、环境保护等领域。

1.3 自然资源空间多源遥感监测研究的意义

多源遥感技术是自然资源状况调查评估技术规范体系之一，深入探索多源遥感技术在矿山执法、耕地和永久基本农田保护、地质灾害应急保障、国土空间规划实施监测及国土空间生态修复等工作中的应用，能充分发挥其监测范围全面、监测数据准确、查处违法用地及时、节约监测成本等独特新优势。其研究具有必要性和应用价值，主要体现在以下几个方面：

(1) 自然资源调查评价方面：基于遥感数据作为重要工作底图，结合遥感专题信息提取结果，开展自然资源调查监测评价，统一掌握各类自然资源范围、数量、质量等方面的存续、变化状况。定期开展区域自然资源状况调查评估是一项重要的基础国情调查，对于全方位支撑生态环境监督管理、推动优化国土空间开发布局、有针对性地实施生态保护修复工程、维护生态安全、建设美丽春城具有重要意义。机构改革后，调查评估是自然资源和规划部门的重要职责之一，因此，统一规范多源遥感技术体系，明确任务分工，可为定期开展自然资源状况调查评估提供有力保障。

(2) 自然资源监督预警方面：摸清资源家底，是构建山水林田湖草全要素监测体系的前提。利用全天候、多时相遥感监测手段，为及时开发区域范围内耕地、林地、草地、湿地等国土空间用途、转用政策实施和监测监管体系建设提供数据和技术支撑。地表覆盖遥感监测成果能够帮助实现新增建设变化的“早发现”，为违法用地的“早制止、严查处”提供了实时、有效的信息支撑；自然资源生态遥感监测，能够为重点生态区的系统性保护与治理提供科学可靠的技术支撑；国土空间规划遥感监测，能够为国土空间规划编制工作提供有效信息支撑；自然资源开发利用遥感监测，能够为有效促进自然资源节约集约利用提供基础性支撑。因此，研究建立遥感解译、野外观测与验证、国土空间用途状况评估、生态影响评估、加强动态监督预警技术体系,对于及时发现国土空间资源过度开发、粗放利用和突破规划控制要求的行为并预警,形成数据质量控制与集成技术体系具有必要性和实际应用价值。

(3) 生态修复治理方面:结合遥感影像分析识别重点生态修复的区域,通过阶段性监测评估手段,统筹山水林田湖草整体保护、系统修复、综合治理,提升国土空间生态保护修复治理能力。如矿山环境恢复治理遥感监测,能够为推进"打赢蓝天保卫战三年行动计划"、部署重点地区矿山环境生态修复工作提供有力的决策支持。由于遥感解译技术具有较强的主观性,不同的解译方法,得到不同的解译结果,对后续生态保护修复治理和评估具有重要影响,所以需要对解译步骤、分类体系和野外核查等进行规范化,尽可能使解译结果具有一致性。因此目前急需制定一套服务于生态保护修复治理和评估的遥感解译与核查技术规范。

(4) 地质灾害隐患点排查方面:综合运用合成孔径雷达测量、高分辨率卫星遥感、无人机遥感、机载激光雷达测量等多种新技术手段,精准排查地质灾害隐患点,提高地质灾害隐患的识别能力,提升防灾减灾管理能力和现代化水平。基于多源遥感的目标检测技术,能够实现典型自然资源场景和类别的存在以及合理性分析,辅助地质灾害隐患排查。基于高光谱分类、点云分类、影像高分辨率重建和去云等技术,能够实现多源遥感数据处理,为自然资源调查监测提供高质量数据资源和丰富的方法手段。

(5) 提升自然资源和规划管理与治理能力方面:由于自然资源管理与治理已成为一个大数据问题,需要利用多源遥感数据才可能完成精准和精细化的管理与监测预警。基于多源遥感大数据的综合监测方法与模型将成为未来自然资源和国土空间管理与治理的主要发展趋势。多源遥感信息由于其多模态、高精度、全时域和全覆盖等特性,在自然资源和规划管理工作中得到了广泛的应用,但同时也有许多技术和方法问题需要研究解决。多源遥感数据贯穿自然资源调查、评价、规划编制、行政审批、综合执法监察等全过程,因此,需要在光学、热红外、微波、高光谱、无人机等方面进行深入探索,结合自然资源中亟待解决的问题开展项目研究。发展多源数据融合技术,改进自然资源遥感监测模型,利用好多源遥感数据,对促进自然资源与规划管理工作至关重要,为此需要针对多源遥感数据开展相关科学技术研究。

第2章
多源遥感在自然资源空间监测中的应用需求

2.1 多源遥感在自然资源与规划中的应用需求

传统自然资源监管监测方式面临如下问题：效率低、土地利用变化图斑检测慢、违法判断难、监管难落实。自然资源宏观调控和综合监管要求实现动态、快捷、空地一体化，自然资源动态监管监测体系建设需要多种技术的集成应用，如3S、物联网、精准化多源遥感监控、移动通信、云平台与大数据等。实现自然资源管理工作信息化、现代化具有迫切的实际需要。

自然资源部很早就提出要通过“天上看、地上查、网上管”的技术手段，掌握违法用地和违法开采的详细情况，并对违法行为进行依法查处。现阶段，自然资源领域管理工作的内容更广、要求更高，因此，建立自然资源和规划动态监管监测体系、加强自然资源管理和监管力度、维护良好的自然资源管理和开发秩序显得尤为重要。

可见光卫星遥感对比地面测量有获取速度快、作业范围广、不受地面条件限制、可调用往年存档数据、可定制编程数据、重访周期短、成本低、地物信息丰富等优势，广泛应用于地形地物识别、地质灾害监测与测量、违法用地监管、生态保护等方面。

高光谱遥感以较窄的波段区间、较多的波段数量提供遥感信息，能够从光谱空间中对地物予以细分和鉴别，在资源、环境、城市、生态等领域得到了广泛应用。如通过高光谱可测出水体的叶绿素含量、泥沙含量、水温、水色；可测定大气温度、湿度、CO等主要污染物的浓度分布；可测定固体废弃物的堆放量、分布及其影响范围等来对环境进行监测。

SAR数据以其独特优势使其在多个行业领域有着广泛的应用，与其他遥感探测手段相辅相成。其应用主要体现在以下几个方面：用SAR干涉测量技术，可以提取地表的高程信息和形变信息，应用在地形测绘、地震地质灾害监测等方面；可以通过不同时相的SAR影像来进行农作物估产和森林蓄积量估算；由于其对水体的敏感性，使其在水体精确提取方面和洪灾监测方面有着不可替代的优势。

综上，机载、星载可见光、多光谱、SAR/InSAR 等多种遥感数据均可用在自然资源与规划方面，为自然资源规划管理提供强有力的监测技术手段和数据支撑。

2.2 多源遥感在自然资源治理能力现代化中的应用需求

自然资源治理能力现代化指通过现代化的手段方法，使用更高水平的技术实现自然资源的优化配置及生态环境的保护和修复。自然资源治理体系与治理能力现代化离不开自然资源科技创新能力的提升，离不开现代化的自然资源治理基础设施完善。当前推进国家治理体系和治理能力现代化是全面深化改革的总目标，国土空间治理是推进国家治理体系和治理能力现代化的关键环节。而各类自然资源以国土空间为载体，呈现不同的立体分布形态。所以自然资源调查监测体系建设既是一项制度构建，又是一项根本技术体系，其对于提升我国治理体系和治理能力现代化具有不可替代的基础性作用，是全面推动我国国家治理体系和治理能力现代化的有力保障。

自然资源治理实践为相关科技创新和运用提供了强大的需求空间，需要建立一个良好的机制和平台，将这些需求与科技创新有效地结合起来，无论是基础理论创新，还是运用技术创新都能及时有效地发挥实际作用。自然资源部在促进新理论、新技术的实际运用方面还存在一些不足，常常注重技术成果的领先，而忽视技术成果的实际推广运用。如遥感技术在自然资源调查、测量、监测、巡查、防灾救灾等方面的运用越来越广泛，我们的一些企业和地勘单位已经在运用遥感技术为自然资源部门提供技术支撑，但我们还处在一个分散、零星的运用层面，没有在部的层面形成一个遥感技术运用的系统体制机制来促进遥感调查监测规范、自然资源图像识别和信息提取等研究的深入。

自然资源的现代化治理可以通过遥感反演进行。遥感影像特征是受地面反射率、大气作用等影响的，对地观测得到的遥感像元从几米到几千米的空间分辨率。人类对地表真实性的了解，需要用多种参数来描述，如果以遥感影像为已知量，去推算某个影响遥感成像的未知参数，就可以得到人们实际需要的地表各种特性参数，这个过程就是遥感反演。所以，反演本质上是一个病态反演问题，因而必须在反演过程中尽可能地充分利用一切先验知识，把新观测的信息量有效地用于时空多变要素的估计上，使新观测的信息有效分配给这一复杂系统中的时空多变参数。通俗地说，就是在混沌系统中输入先验信息，并不断添加新的确定性信息，反推直至未知因素准确“显形”。而在消除不确定性的层面上，又可以将反演看作一个不断学习、不断演进和无限逼近现实的进程，通过机器对海量历史时空数据的深度学习，对参数进行修正和精准化。所以，遥感反演与 AI 紧密结合在一起，也将成为具有巨大潜力的时空智能基础。

总之，多源遥感技术的应用对自然资源治理能力现代化而言是不可缺少的工具，随着它不断发展更新，集机载、星载、可见光、多光谱、SAR/InSAR 等的多源遥感技术应用在自然资源管理与治理方面，将为自然资源治理能力现代化提供更加强有力的监测技术手段和数据支撑。

2.3　多源遥感在地质灾害风险普查中的应用需求

全国自然灾害综合风险普查是一项重大的国情国力调查，是提升自然灾害防治能力的基础性工作。通过开展普查，摸清全国自然灾害风险隐患底数，查明重点地区抗灾能力，客观认识全国和各地区自然灾害综合风险水平，为中央和地方各级人民政府有效开展自然灾害防治工作、切实保障经济社会可持续发展提供权威的灾害风险信息和科学决策依据。

普查涉及的自然灾害类型主要有地震灾害、地质灾害、气象灾害、水旱灾害、海洋灾害、森林和草原火灾等。本研究主要涉及地质灾害。

受青藏高原隆升的影响，我国地域地质条件极为特殊和复杂，山地丘陵地区约占国土面积的 65%，这些地区往往构造活动频繁，常常出现滑坡、崩塌、泥石流等自然灾害，因此我国成为世界上地质灾害多发和频发国之一。我国地质灾害种类多，分布地域广，发生频率高，造成损失重。面对异常严峻的防灾减灾形势，自 20 世纪 80 年代起，我国就逐步建立起了一套具有中国特色的地质灾害防治尤其是群测群防体系，并在防灾减灾中发挥了重要作用，取得显著的成效。但是，时至如今，我国每年仍会发生数千处地质灾害，造成数百人死亡和数十亿元的直接经济损失，防灾减灾任务依然十分繁重。云南省地质灾害（地震、泥石流、滑坡、崩塌、火山活动等）是我国地质灾害最严重的省份之一。

我国政府和相关管理部门高度重视地质灾害防治工作。习近平总书记在中央财经委员会第三次会议上强调："坚持以人民为中心的发展思想，坚持以防为主、防抗救相结合。"明确指出："要建立高效科学的自然灾害防治体系，提高全社会自然灾害防治能力。"并提出推动建设"九大工程"，其中包括：实施灾害风险调查和重点隐患排查工程，掌握风险隐患底数；实施自然灾害监测预警信息化工程，提高多灾种和灾害链综合监测、风险早期识别和预报预警能力。2018 年，新组建的自然资源部和应急管理部先后多次召开专题会议，讨论地质灾害防治问题。陆昊部长在出席自然资源部地灾监测预警科技创新研讨会时强调，要特别注重将技术原理与防灾工作行政指挥相结合，聚焦突发性地质灾害"防"的核心需求——搞清楚"隐患点在哪里""什么时间可能发生"。要综合运用合成孔径雷达测量、高分辨率卫星遥感、无人机遥感、机载激光雷达测量等多种新技术手段，进一步提高全国地质灾害调查评价精度，搞清楚"隐患点在哪里"。当前，地质灾害监测预警即"什么时间可能发生"是"防"的关键领域和薄弱环节。要在发现隐患、监测隐患，特别是地质灾害可能发生的时间、地点、成灾范围和影响程度预警预报方面下更大功夫。随着近年来科学技术的突飞猛进，尤其是现代遥感技术、无线通信技术的发展以及各种感知技术的不断涌现，地质灾害隐患早期识别与监测预警已成为主动防控地质灾害的重要手段。尤其在监测预警方面，近年来我国相关部门和地方政府每年投资上百亿元，实施地质灾害专业监测预警工程，使监测预警行业变得异常"火爆"。

2.4 多源遥感在矿产资源监测监管中的应用需求

矿产资源是国民经济和社会发展的重要物质基础，为了准确、及时地掌握全国矿产资源开发秩序、矿山地质环境问题和矿产资源规划执行情况，自 2006 年起，国土资源部中国地质调查局先后启动了关于矿产资源开发遥感调查与监测项目。发现部分矿山存在越界开采、无证开采、以采代探、擅自改变开采矿种等多种违法行为，矿产资源违法开采不仅造成资源的浪费，而且破坏土地资源，引发严重的生态环境问题，诸如矿山地质灾害、环境污染、占损或破坏土地等，给人民的生命财产安全带来威胁，给国家矿产资源造成损失和浪费。

越界开采是指采矿权人擅自超出采矿许可证载明的矿区范围(含平面范围和开采深度)开采矿产资源的行为，如不及时进行管理，不但会造成资源的毁损，也会破坏环境，更关键的是会带来一系列的社会和管理问题，反过来制约矿业经济的健康发展，不利于矿产资源的可持续开发利用和人类社会的可持续发展。

传统的矿产资源越界开采主要通过地方国土资源局逐级统计上报和群众举报，数据真实性不高，效率低下。矿产资源丰富的地区，矿山点多面广，超采主体的确定也非常困难，难以对矿产资源的开发利用实施有效监管。随着遥感技术在矿产资源监测调查领域中的运用，高分卫星遥感影像监测已成为一种先进的工作手段和重要方法。近年来，快速发展的国产高分卫星遥感技术，为矿产资源调查与监测提供了方便、快捷、高效的数据支撑，在矿产资源监测中的应用越来越广。

采用多种遥感数据相结合，计算机信息自动提取与人机交互解译相结合，遥感技术与卫星定位技术、地理信息系统技术相结合，室内综合研究与野外实地调查相结合的方法，开展矿产资源开发利用状况、矿山地质环境、矿山环境恢复治理、矿产资源规划执行情况等本底数据遥感调查，开展矿产资源超采越界遥感动态监测，获取矿产资源开发环境本底、动态变化和实时数据，构建全要素、全天候矿产资源开发环境遥感监测技术体系，为矿政管理、国土空间用途管制、矿山地质环境保护等提供基础数据和技术支撑，也为矿政管理部门制定矿产资源规划、整顿矿产资源开发秩序，治理矿山地质环境提供决策依据。

2.5　多源遥感在土地利用动态变化监测中的应用需求

土地利用变化检测和土地覆盖分类是遥感影像应用的基础性工作。地球表面信息及其变化情况快速有效地提取与分析在许多遥感应用中发挥着重要作用。与传统的实地调查相比，通过分析搭载传感器的无人机、航空、卫星等取得的遥感图像来确定地表信息，大大提升了这些工作的效率，节省了成本和时间。遥感已经成为了解地球表面变化的非常有用的数据来源，基于遥感来观测光谱特征的土地利用分类技术已被广泛应用于环境监测、卫星估产、农作物灾害监测以及智慧农业、乡村振兴等领域，了解人类活动及其对环境、生态的影响。随着遥感信息技术的发展，我们看到了基于深度学习、人工智能等多种新型分类技术的最新进展和应用，可以从遥感数据中提取复杂的地物信息，以更快速、便捷、精准地了解更多土地利用特征，这证明了利用遥感分类技术描述土地利用及其变化具有可行性。

2.6　多源遥感在城市沉降监测中的应用需求

城市地面沉降是一种影响城市基础设施建设和生活居住安全的地质灾害。城市地区的地面沉降主要是由于人类活动、地下水等的开采，地下工程和高层建筑的大规模建设等因素导致的。为了防止地面塌陷，保障地表稳定性，对城市地面进行形变识别和监测已经变得非常重要。在政府的规划用地方面，需要提前对城市内地质灾害点进行排查，及时发现具有隐患的地方，防止开发用地有地面沉降灾害隐患而造成不必要的损失。

昆明市长时间以来地面沉降明显。自 1986 年 11 月开始，昆明市建立城建二等水准网对昆明市开展地表沉降监测工作。在 1986 年至 1998 年 12 年间进行了四期地面沉降全网监测，监测到昆明市关上、小板桥、广卫村和火车东站等位置出现的持续性沉降现象，以及以滇池以北和以东地区为中心点的两个明显的漏斗形沉降区。

水准网监测对昆明城区地面沉降分析起着重要的作用，但同时也受各种条件的限制和影响。第一，早期水准网覆盖范围非常有限，只局限在主城区范围。随着城市日益扩大，滇池周边其他城镇已与昆明主城区基本连成一片，形成了围绕滇池的城镇群，原有水准网已远远满足不了需求；第二，受城市建设影响，许多监测点已损毁；第三，滇池及其周边区域处于复杂地质运动形成的高原区域，大陆板块活动剧烈，地质构造多样，高原的整体强烈抬升与昆明盆地的局部沉降同时并存,使得仅依靠早期的不完整的离散的少量水准网监测已无法满足对滇池周边城市群沉降灾害监测与机理分析的要求。

昆明城镇群位于中国西南昆明盆地内的高原湖泊滇池湖滨,区域地质构造演化复杂,属于地震断层陷落型区,区内断裂发育,地壳稳定性差。受区域整体性隆升而湖泊及周边持续沉降的高原湖泊特性影响,昆明城镇群表现出的沉降特征较为复杂,显现出其沉降机理的多诱因性与多源性。城市地区地表的空间变化往往导致城市基础设施破坏,如建筑物、机场、地铁和其他地下设施等。

随着雷达卫星遥感技术的发展,多时相星载合成孔径雷达干涉测量(MT-InSAR)使得对地表进行长时间序列全面域的监测成为现实。

2.7 多源遥感在耕地“双非化”中的应用需求

“非农化”是指农用地转为非农建设用地或耕地被用于进行农业生产以外的生产经营活动;耕地“非粮化”可以理解为农业生产结构调整,由原来种粮食调整为种经济作物、发展林果、养殖业等,即粮耕地转为林地、园地等其他类型农用地。“双非化”是多年来土地流转与发展过程中耕地时空变化的突出特征,从第三次全国国土调查数据看,全国现有耕地19.18亿亩,自“二调”以来的10年间减少了1.13亿亩耕地。在非农建设占用耕地严格落实了占补平衡的情况下,耕地地类减少的主要原因是农业结构调整和国土绿化。这10年的地类转换中,耕地与林地、园地之间双向流动,但耕地净流向林地1.12亿亩,净流向园地0.63亿亩。

国家主席习近平同志多次强调耕地保护的重要意义:在2013年12月的中央农村工作会议上提出中国人的饭碗任何时候都要牢牢端在自己手上;在2014年5月在河南开封考察时指出粮食生产根本在耕地;2016年4月的安徽凤阳小岗村农村改革座谈会上指出耕地是我国最为宝贵的资源,要像保护大熊猫一样保护耕地;2019年3月在参加十三届全国人大二次会议河南代表团审议前后强调不管怎么改都不能把耕地改少了和耕地是粮食生产的命根子;2020年疫情期间对全国春耕的重要指示、吉林四平考察以及中央农村工作会议中亦强调要严守18亿亩耕地红线,落实最严格的耕地保护制度,确保粮食安全。

2020年《国务院办公厅关于防止耕地“非粮化”稳定粮食生产的意见》提出要充分认识防止耕地“非粮化”稳定粮食生产的重要性和紧迫性,坚持问题导向,坚决防止耕地“非粮化”倾向以及四个禁止(禁止占用永久基本农田种植苗木花卉草皮,禁止占用永久基本农田种植水果茶叶等多年生经济作物,禁止占用永久基本农田挖塘养殖水产,禁止闲置、荒芜永久基本农田)等意见,并在其中明确要求农业农村部、自然资源部要综合运用卫星遥感等现代信息技术,每半年开展一次全国耕地种粮情况监测评价,建立耕地“非粮化”情况通报机制。

“非农化”与“非粮化”两者紧密联系而其内涵区别明显,遏制其趋势的过程应是动态的、长期的和具有针对性的。“非农化”监测需要我们聚焦耕地用地变化。基于卫星遥感技术,我们能实现由传统人工“随机性调查、被动式发现、运动式查处”,到“地毯式搜索、主动式发现、常态化治理”的智能化监管模式转变。通过对耕地保护红线区域内的耕地利用情况开展常态化、动态监测,提取“非农化”问题图斑信息,有关部门可以了解到耕地、园地、大棚、鱼塘等农业资产的真实分布、数量、面积和使用与更改状况,从而掌握历史和当下占用耕地进行绿化造林、建设绿色通道、挖湖造景等非农建设的情况,精准高效地开展复耕奖励和违规处罚工作。“非粮化”的监测重点则是种植类型的变化。利用卫星遥感技术针对永久基本农田、粮食生产区内的“非粮化”问题开展常态化、动态监测,可精确识别并定期推送典型“非粮化”图斑显示的土地利用类型,包括鱼塘、蔬菜大棚、撂荒地以及近20 种经济作物。

单一的统计数据或卫星遥感数据与技术在“多规合一”的背景下,面对大范围、大数据和更复杂的用地生产使用活动,显然有些力不从心,准确性、可用性和信息提取度难以满足未来甚至当下的需求。进行多类型数据对比、多源遥感数据融合可以在发挥卫星遥感技术的覆盖范围大、获取成本低、及时准确的优势下,更充分利用这些数据,让信息提取与挖掘变得更加高效、更加深入。如“非粮化”监测中要及时识别不同类型植物的种植情况并与应种植类型进行对比分析,仅利用多时相卫星遥感数据与耕地分布数据进行匹配对准可以判断耕地种植情况有所变化,但因为植物的体量过小、三大主粮与其他经济作物等在影像上的差异很小,无法精准识别耕地变化是否属于“非粮化”、具体属于何种“非粮化”情况,无法进行“非粮变化”的量化演变分析,所以需要高分数据来解决这个问题,如高光谱遥感基于不同地物之间光谱特征不同以及单种作物不同生长阶段独特的波谱特性,可以实现精准到作物株级的种植监测。近年来,耕地保护“技防”能力不断提高。从我国遥感卫星监测能力上看,目前自然资源领域可供利用的高分遥感卫星有 20 多颗,精度不断提高,其中 2m 级卫星遥感影像每季度实现全国覆盖,优于 1m 遥感影像年度可实现全国覆盖,做到了全国耕地和永久基本农田动态监测的全面覆盖。

因此基于多源遥感数据,利用深度学习网络提取遥感影像中耕地“非粮化”“非农化”信息,对变化图斑监测进行自动提取与后处理,可提高疑问图斑提取的效率,实现耕地“非粮化”“非农化”遥感监测成果的快速获取,结合人工辅助判别,形成耕地动态保护体系,更及时、更高效、更可靠地遏制“非农”“非粮”问题,真正意义上保量保质地守住红线。

2.8 多源遥感在国土空间生态修复问题识别与生态监测评价中的应用需求

2.8.1 多源遥感在国土空间生态修复问题识别中的应用需求

随着国土空间生态环境的不断更迭和土地利用功能的不断转变，生态空间出现了较多不可逆的问题，受到了政府及相关部门的广泛关注，对这些生态问题的识别及分析就成了重点研究的领域。关于“山水林田湖草”的生态修复问题，我国在研究之初方法较为单一，评价体系较为片面。因此对生态修复问题的研究处于比较浅层次的水平，尽管如此，也在一定程度上推动了国土空间生态修复研究的发展，同时也为以后的研究奠定了基础。随着天地空技术的快速发展，衍生出了光学遥感、雷达遥感、热红外遥感等技术，由于遥感技术具有全天候、多识相、精度高等优点，于是将遥感技术应用在空间生态修复识别中，发现效果优异，既是对之前的传统方法的容纳，同时也对新方法进行融合。遥感技术的出现，使传统的环境监测方法出现了改变，实现了室外监测到室内监测的完美过渡，因此遥感技术成为生态问题修复的关键技术。

如今，不断提高的遥感技术为生态环境质量监测与评价提供技术支持与保障，遥感数据已经成为生态环境质量监测与评价的重要数据源。如在对四川省茂县地区的滑坡分析中，运用以时序哨兵 1 号 A、B 卫星(Sentinel-1A/1B)影像为数据源，利用时间序列合成孔径雷达干涉测量(干涉合成孔径雷达，InSAR)技术对茂县岷江河谷区段的潜在滑坡隐患开展识别监测，最后经过实地考察验证识别的有效性，综合考虑 SAR 数据的成像几何条件与区域地形特征的共同影响，分析不同轨道的 InSAR 测量灵敏度，避免造成对于滑坡体真实形变量级的误判；在对内蒙古草原退化情况利用 GaiaSky-mini 型高光谱仪采集典型荒漠化草原高光谱影像，使用主成分分析法与最小噪声分离法对数据进行前期处理，然后采用支持向量机法进行地表微斑块识别，为无人机高光谱遥感提供数据及理论支持；在对西藏南部以及东南部的复杂地区识别中，对不同设计阶段采用卫星遥感、常规航空遥感、高分辨率无人机机载激光雷达 LiDAR 及高精度倾斜摄影相结合的技术，对于高植被覆盖地区，利用无人机机载 LiDAR 去除植被以得到地表真实高程模型，对泥石流物源进行有效识别，进而形成了“卫星-常规航空-高精度无人机搭载”等从宏观-细观-细部的多源、立体、综合勘察方法。

因此，单一遥感技术处理会使得遥感图像有一定的偏差，在空间上信息表达不全面，致使最终的监测结果出现偏差，而将多种遥感技术结合起来形成多源遥感数据，实现不同数据在影像上的差异互补，进而丰富信息、提高空间分辨率，能够最大化高精度地实现生态问题识别。

2.8.2　多源遥感在国土空间生态监测评价中的应用需求

近年来,全球化的环境问题日益突出,环境事故与环境灾害频繁发生。如何客观、科学地评价生态环境质量,以便为生态环境保护政策的制定和社会经济可持续发展规划提供依据是当前研究的热点问题。世界各国大力发展环境遥感监测技术,并且取得了突破性进展,遥感技术在生态环境监测和综合评价中的作用已经得到国际社会的高度重视与认可。在对生态环境进行监测评价时,主要采用定性和定量两种方法,多遥感指数在定量测算和监测生态环境质量方面发挥了重要作用,如 NDVI:表征植被状况的植被指数,NDBSI:表征城市化状况的建筑指数,LST:表征区域人类活动的地表温度以及植被覆盖度(FVC)湿度指数(WET)等。此外,还有一些遥感指数如干扰指数、干旱指数、盐渍化指数用于一些特定情况的生态环境监测,如森林扰动监测、干旱荒漠区以及土壤盐渍化区域。

遥感技术在生态环境监测评价中发挥着很重要的作用,成为一个有力的工具。如在对荒漠化的监测评价中利用地面监测和多期遥感数据对评价指标体系进行综合概述,对荒漠化的进展进行综合评价;通过对比 TM 和 CBERS-1 两种遥感数据形成的影像对古浪县的荒漠化进行评价,发现古浪县的荒漠化处在中度到重度荒漠化之间;对贵州鬃岭地区的采煤滑坡通过 InSAR 和光学遥感进行精细识别,获取了区域滑坡灾害信息,总结了鬃岭区域滑坡变形破坏模式,进而预测出危险避让距离;在对城市生态安全进行评价时,从自然和人文方面选取了 33 个指标因子,使用 PSR 模型构建了锡林浩特市生态安全评价体系;对于流域监测评价,使用 LandsatETM+和 SPOT-5 等遥感影像数据、环境监测数据和社会经济数据,使用 PSR 模型确定 18 个评价指标,并对东阳江流域进行生态安全评价。

上述研究示例监测评价,利用多源遥感技术对不同的生态问题进行监测,选用相对应的因子构建评价体系,进而创建模型,以达到对生态问题监测评价的最优成效。表明遥感技术在生态问题监测和评价中占有很重要的地位,但是我们发现,单一指数模型主要应用于某个特定的生态主题,难以综合反映研究区生态环境质量状况。将多种遥感数据综合比较,选出更具有说服性的数据进行监测评价,进而对生态安全问题提出更加可靠的预防和治理方案。

第3章
多源遥感信息处理关键技术理论与方法

3.1 高分辨率卫星影像数据预处理

3.1.1 几何校正

几何校正是指对几何畸变进行的误差校正。遥感成像的时候，由于飞行器的姿态、高度、速度以及地球自转等因素的影响，造成图像相对于地面目标发生几何畸变，这种畸变表现为像元相对于地面目标的实际位置发生挤压、扭曲、拉伸和偏移等。一般通过一系列的数学模型来改正和消除遥感影像成像时因摄影材料变形、物镜畸变、大气折光、地球曲率、地球自转、地形起伏等因素导致的原始图像上各地物的几何位置、形状、尺寸、方位等特征与在参照系统中的表达要求不一致时产生的变形。几何校正前后对比见图3-1。常见的几何变形与校正方法见表3-1。

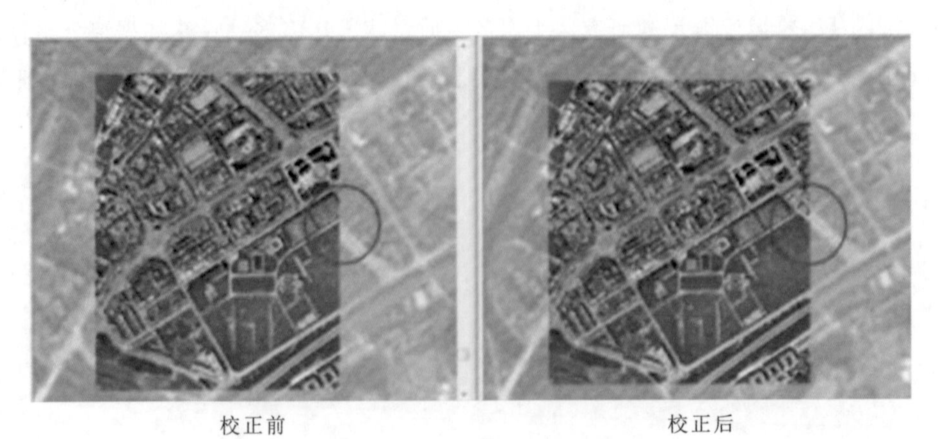

校正前　　　　校正后

图3-1　几何校正前后对比图

表 3-1　常见的几何变形与校正方法

几何变形类型		校正方法
内部畸变	比例尺畸变	可通过比例尺系数计算校正
	歪斜畸变	可经一次方程式变换加以改正
	中心移动畸变	可经平行移动改正
	扫描非线性畸变	通过获得每条扫描线校正数据才能改正
	辐射状畸变	经 2 次方程式变换即可校正
	正交扭曲畸变	经 3 次以上方程式变换才可加以改正
外部畸变	由于传感器外方位元素变化而引起的误差	可用投影变换加以校正
	由目标物引起的畸变	需要逐点校正
	因地球曲率引起的畸变	需经 2 次以上高次方程式变换才能加以改正

遥感影像的变形误差可分为内部误差和外部误差两类。内部误差是指由传感器自身的性能技术指标偏移标称数值所造成的误差。主要包括比例尺畸变、歪斜畸变、中心移动畸变、扫描非线性畸变、辐射状畸变和正交扭曲畸变。外部误差是指传感器在正常工作情况下，由传感器以外的各种因素所造成的误差。包括由于传感器外方位元素变化而引起的误差、由目标物引起的畸变(如地形起伏引起的畸变)、因地球曲率引起的畸变以及由于大气折射引起的图像变形。

几何校正的步骤主要包括以下几项(图 3-2)：首先，建立原始图像与校正后图像的坐标系；其次，确定地面控制点(Ground Control Point，GCP)，即在原始畸变图像空间与标准空间寻找控制点对；在此基础上，选择畸变数学模型，并利用 GCP 数据求出畸变模型的未知参数，然后利用此畸变模型对原始畸变图像进行几何精校正；最后，进行几何精校正的精度分析。

控制点的选取对于几何校正的效果具有很大的影响。在选取控制点的时候应选取地形图与遥感图像上易分辨且较精细的特征点，如道路、河流的交会点、拐弯点，湖泊边缘，城郭边缘等。图像边缘部分一定要选取控制点，以避免外推。同时使采集的控制点均匀分布于整个图中。特征变化性大的地区控制点的选择应多一些，特征变化小的地区可以少选一些，以提高计算的精确度。最佳的控制点数量对于提高工作效率、节省采集成本非常重要，对于多项式方法的校正，GCP 的最小数目为$(n+1)(n+2)/2$。但在实际应用中，采用最小 GCP 数目，一般无法达到校正精度要求，适当增加可以提高校正精度，但是过多地增加控制点的数量，不仅不会显著提高校正精度，反而会增大选择地面控制点的工作量，降低工作效率。

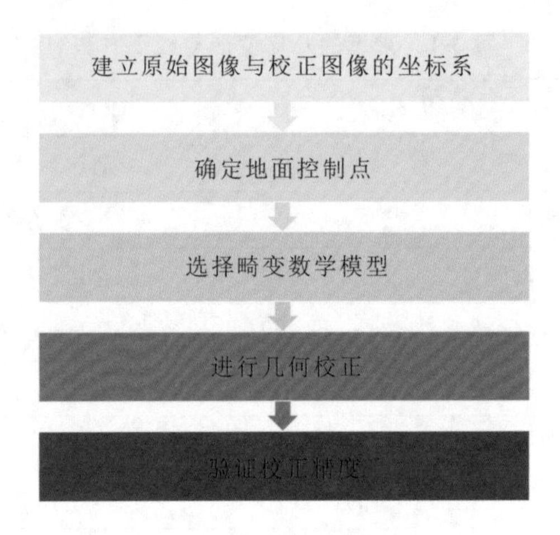

图 3-2　几何校正流程图

最合适的 GCP 数目，一般是最小数目的 6 倍。

控制点精度的衡量尺度为均方根(Root Mean Square，RMS)参数，当 RMS 值都小于等于 1 时，控制点的精度控制在一个像素大小上，几何校正效果较好。以图像像素大小为单位，其计算表达式为：

$$\text{RMS}=\sqrt{(x_1-x_2)^2+(y_1-y_2)^2} \tag{3-1}$$

3.1.2　辐射校正

辐射校正的目的在于消除因传感器自身条件、薄雾等大气条件、太阳方位条件等引起的传感器测量值与目标的光谱反射率或光谱辐亮度等物理量之间的差异，以及为遥感图像识别、解译、分析等后续工作奠定基础。辐射校正的目标是利用已建立的地物反射率与遥感图像像素之间的关系，通过遥感图像的像素值计算传感器的像素反射率，简单来说就是将灰度级别值转换为有意义的辐亮度或者反射率。

用户级的校正过程中首先是辐射定标，辐射定标解决的问题是在不同传感器间、同一传感器不同日期产生的图像中灰度级可能存在的偏差，需要进行定标校正后才能相互比较。定标有两种确定方法，一种是线性公式法，它计算出朗伯体或非朗伯体的辐亮度并根据线性模型辐亮度与探测器对应的输出信号的数字量比值得出最后定标结果；另一种是根据不同传感器提供的定标参数(Gains，Bias)计算辐亮度。有了辐亮度也可以根据公式计算反射率值。

大气校正的目的在于消除由于大气散射引起的辐射误差，以得到更加精确的地物辐射值。

目前，遥感图像的大气校正方法很多。这些校正方法按照校正后的结果可以分为两种：绝对大气校正法和相对大气校正法。

一般对大气校正方法的选择方法为：精细定量研究，选择基于辐射传输模型的大气校正方法；动态监测，选择相对大气校正或者较简单的方法；参数缺少，选择较简单的方法。

3.1.3　正射校正

正射影像，指改正因地形起伏和传感器误差而引起的像点位移后的影像。数字正射影像不仅精度高，信息丰富，直观真实，而且数据结构简单，生产周期短。在地势起伏较大的地方，使用正射校正可以消除误差。正射影像同时具有地形图特性和影像特性，信息丰富。

正射影像制作一般是通过在像片上选取一些地面控制点，并利用原来已经获取的该像片范围内的数字高程模型(DEM)数据，对影像同时进行倾斜改正和投影差改正，将影像重采样成正射影像。将多个正射影像拼接镶嵌在一起，并进行色彩平衡处理后，按照一定范围内裁切出来的影像就是正射影像图。

3.1.4　影像融合

遥感影像融合是将在空间、时间、波谱上冗余或互补的多源遥感数据按照一定的规则(或算法)进行运算处理，获得比任何单一数据更精确、更丰富的信息，生成具有新的空间、波谱、时间特征的合成影像数据。影像通过融合既可以提高多光谱影像空间分辨率，又可以保留其多光谱特性。因此，它不仅仅是数据间的简单复合，而且强调信息的优化，以突出有用的专题信息，消除或抑制无关的信息，改善目标识别的影像环境，从而增强解译的可靠性，减少模糊性(即多义性、不确定性和误差)，提高分类精度，扩大应用范围和效果。

影像融合的主要步骤是：首先，进行影像预处理，主要是影像降噪等；其次，进行空间配准，即在同一空间坐标系下，建立融合影像间的空间对应关系，并对影像进行重采样，使之具有相同的空间分辨率；在此基础上，进行内容融合，即对配准后的影像进行变换处理，并选择相应的方法对影像进行融合；最后，选择合适的指标，对融合后影像的质量进行评价(图 3-3、图 3-4)。

目前常用的影像融合方法有五种，分别是色调-饱和度-亮度变换(Hue-Saturation-Intensity，HSI)、主成分变换(Principal Component Analysis，PCA)、基于代数运算的影像融合、小波变换(Wavelet Transform，WT)和拉普拉斯变换(Laplace Transform，LT)。选取融合方法时，遵循以下原则：①能清晰地表现纹理信息，能突出主要地物(如水体、建筑物、耕地、道路等)；②影像光谱特征真实、准确、无光谱异常；③各种地类特征明显，边界清晰，通过目视解译可以区分不同地类信息；④融合影像色调均匀、反差适中、色彩接近自然真彩色。

完成融合后，需对结果进行质量检查。主要包括四项内容。第一，检查融合影像整体亮

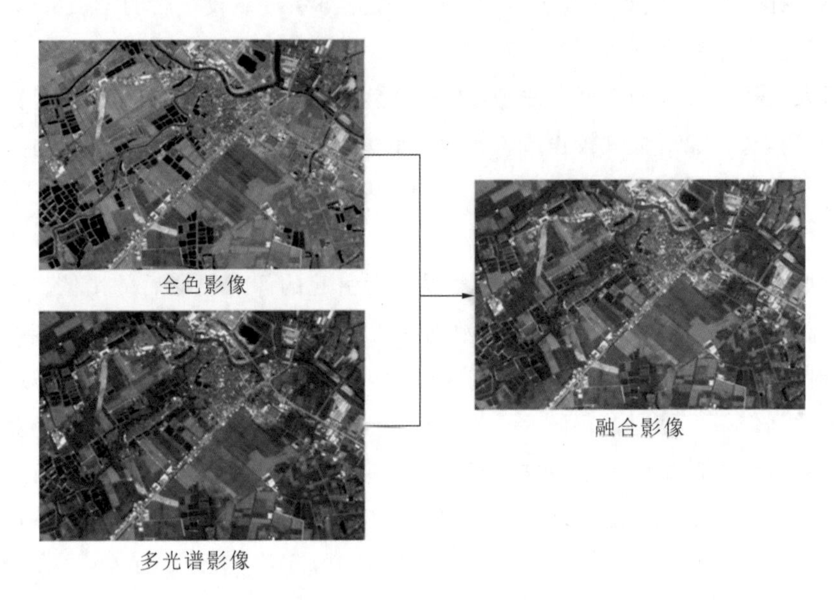

图 3-3　影像融合示意图

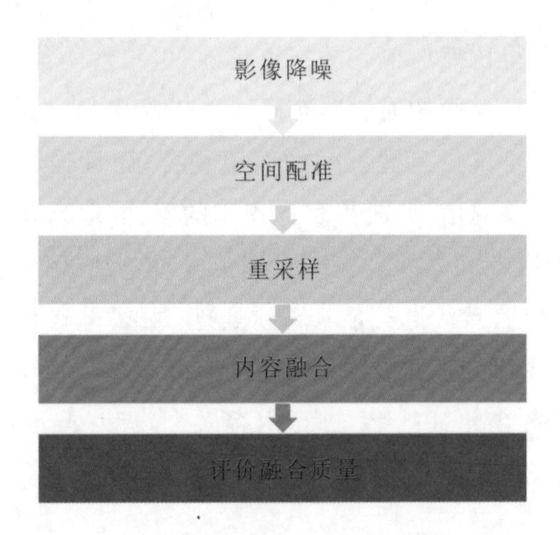

图 3-4　影像融合技术流程图

度、色彩反差是否适度、是否有蒙雾。第二，检查融合影像整体色调是否均匀连贯。不同季节影像只要求亮度均匀，植被变化引起的色彩差异可不考虑。第三，检查融合影像纹理及色彩信息是否丰富，有无细节损失，层次深度是否足够，特别是各植被、地物等地类是否可见和容易判读。第四，检查清晰度，判断各种地物边缘是否清晰明确。

3.1.5　图像镶嵌

影像镶嵌既要满足在镶嵌线上相邻影像的细节在几何上一一对接，还要求相邻影像的色调保持一致。镶嵌时应对多景影像数据的重叠带进行严格配准，镶嵌误差不低于配准误差。镶嵌影像应保证色调均匀、反差适中，镶嵌区应保证有 10～15 个像素的重叠带。具体步骤如下：

指定一幅参考图像，作为镶嵌过程中对比度匹配及镶嵌后输出图像的地理投影、像元大小、数据类型的基准。

保证相邻图幅间有一定的重复覆盖区，镶嵌之前有必要对各镶嵌图像之间在全幅或重复覆盖区上进行匹配，以便均衡化镶嵌后输出图像的亮度值和对比度。

在重复覆盖区，各图像之间应有较高的配准精度，必要时要在图像之间利用控制点进行配准。

进行色调调整。选择有代表性的区域用于色调匹配。在遥感图像上有时会有云及各种噪声，在选择匹配区域时要避开这些区域，否则会对匹配方程产生影响，从而降低色调匹配的精度。要想选择有代表性的区域，建立准确的色调匹配方程，应认真仔细地分析、对比相邻两图像公共区域的图像质量和特点，然后采用不规则的多边形(而不是简单的矩形)来界定用于建立色调匹配方程的图像区域。这样既可避开云、噪声，又可获得尽可能大的、有代表性的图像色调匹配区域。

选择镶嵌线，进行影像镶嵌。在重叠区内选择一条连接两边图像的拼接线，使得根据这条拼接线拼接起来的新图像浑然一体，不露拼接的痕迹。镶嵌线要尽可能沿着线性地物走，如河流、道路、线性构造等；当两幅图像的质量不同时，要尽可能选择质量好的图像，用镶嵌线去掉有云、噪声的图像区域，以便保持图像色调的总体平衡，产生浑然一体的视觉效果。

3.1.6　影像匀色

影像匀色是指定颜色标准(由模板确定)，批量对单张影像进行匀色，自动消除单张影像内以及多张影像间的明暗、色差等问题。影像匀色后，要求影像不失真，纹理清晰，饱和度符合标准，色彩和基准影像保持一致。

影像匀色过程中应注意以下几点：

不同时期的影像，应根据影像的色彩、质量情况确定不同的模板；同一批影像中地物差异较大的部分，需确定不同的模板。选取模板(基准影像)时，要在同一批影像中选取内容丰富、代表性强的影像，利用影像处理软件调整影像的亮度、对比度、颜色到最佳效果。

原则上，对于色彩不是特别均匀的原始影像，要求采用整体匀色；如果采用分块匀色，需根据影像内容合理设置分块大小，要求匀色之后的影像，过渡自然、无明显分块痕迹。

对于个别匀色效果较差的影像，需要利用 Photoshop 单独调整到模板的效果；影像内存在大面积色彩相同的区域时，对区域边缘处颜色偏差大的局部，需要作排除区处理后再匀色或直接用影像处理软件调整。

为避免影像重采样后在镶嵌线缓冲区处出现模糊、重影和死印，需要利用 Photoshop 对单个影像进行色彩调整，使相邻影像接边处(镶嵌线两侧)色彩保持相对一致。

3.1.7 图像增强

图像增强是通过调整、变换影像密度或色调，以改善影像目视质量或突出某种特征的处理过程。目的在于提高影像判读性能和效果。

图像增强的内容很广，主要分为空间域增强、频率域增强、彩色增强、图像变换以及图像波段运算等五类(图 3-5)。空间域增强包括线性拉伸、分段线性拉伸、非线性拉伸、直方图修正以及平滑和锐化。频率域增强包括高通滤波、低通滤波和同态滤波增强。彩色增强包括伪彩色增强、真彩色、假彩色波段组合以及彩色变换等。图像变换包括 K-T 变换和 K-L 变换。

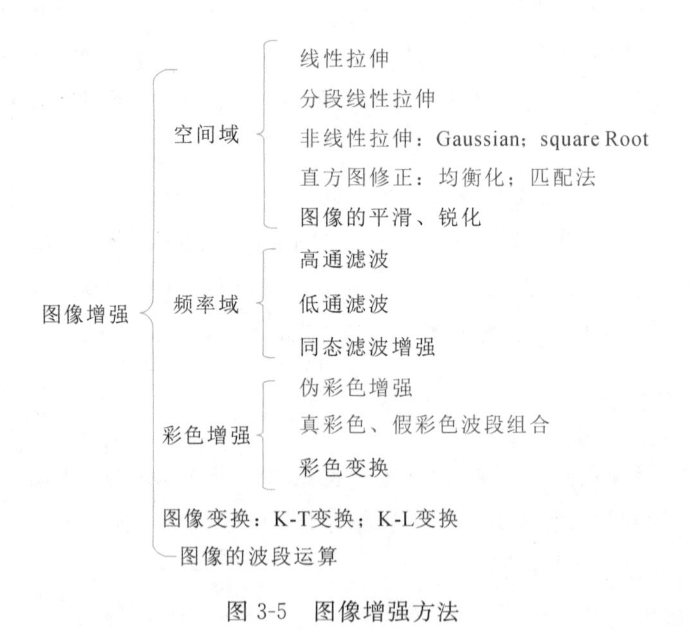

图 3-5 图像增强方法

伪彩色合成，又称密度分割，是把单波段的黑白遥感图像按照亮度分层，并对每一层赋予不同的颜色，从而使之成为一幅彩色图像的过程。

真彩色合成显示是指将多光谱影像的红、绿、蓝波段分别赋予红、绿、蓝三色，由于赋予的颜色与原波段的颜色相同，可以得到近似的真彩色图像。

假彩色合成显示是指将多光谱影像的多个波段(除红、绿、蓝波段外)人为赋予红、绿、蓝三色,合成影像的色彩往往与地物的实际色彩不同,且可任意变换,故称假彩色图像。

线性拉伸是指将原始图像的灰度直方图线性拉伸到新的范围。ENVI 提供的拉伸方法可分为基于 Image 窗口的拉伸、基于 Zoom 窗口的拉伸和基于 Scroll 窗口的拉伸三类,包括 Linear、Linear 0～255、Linear 2%、Gaussian 和 Square Root。

3.2　雷达卫星数据预处理

雷达卫星数据处理流程如图 3-6 所示。

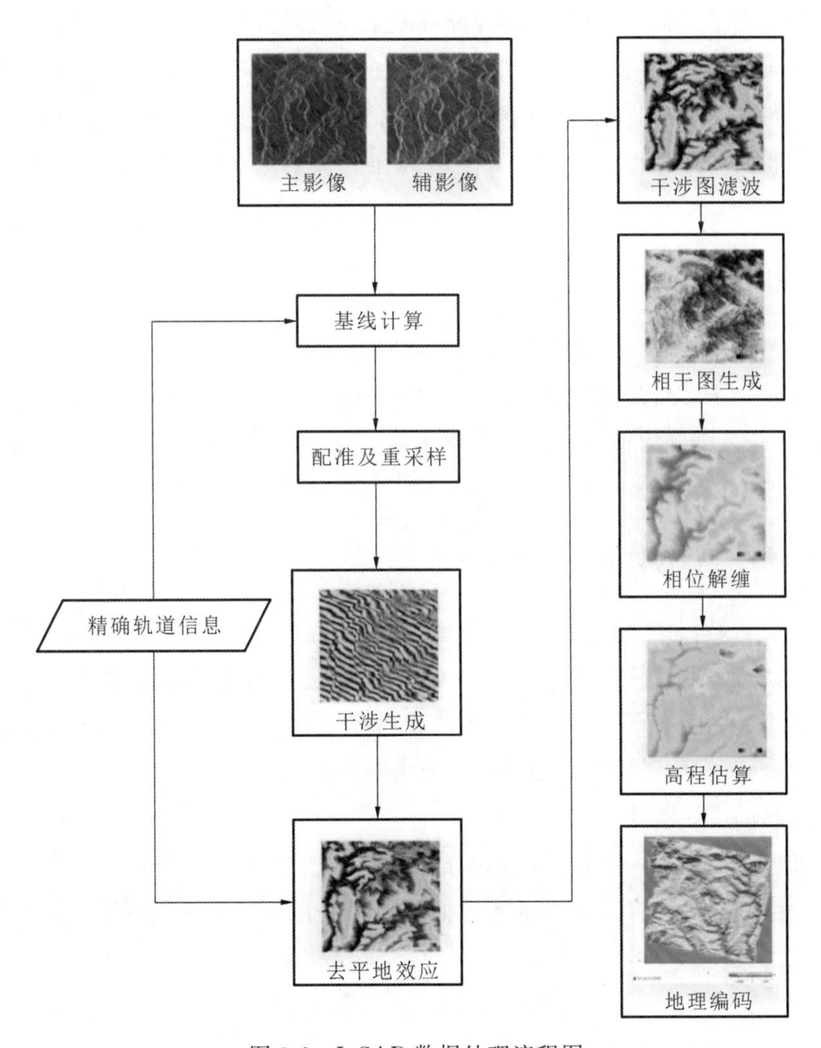

图 3-6　InSAR 数据处理流程图

3.2.1 基线估计

两幅 SAR 图像的相干性受基线长度的影响，同时在去平地效应、高程估算以及地理编码前均需要计算基线的长度和倾角，所以一般先进行基线估计。干涉基线的初步估计是从轨道数据、配准偏移量参数文件或干涉条纹得到的。

3.2.2 复图像配准

InSAR 影像的相位信息远比能量信息对地形的变化敏感。如果两幅影像的同名点相互错开一个像素，则两幅影像的相位信息将完全不相关。虽然此时干涉得到的能量图依然清晰可辨地形地貌特征，但干涉相位图为纯噪声，从而影响所求地面高度的准确性，甚至不能获取地面的高程信息。因此，高精度影像配准是准确获得干涉相位信息的基础。SAR 干涉测量对影像配准的要求很高，必须达到子像素级或更高的精度。通常在 SAR 影像上选取一些满足特定条件的控制点，然后再根据控制点的信息拟合出整幅图像的配准信息，最后对图像进行重采样得到配准图像。为达到 InSAR 配准精度要求，通常采用从粗到精的多级配准策略。

3.2.3 干涉图生成

在两幅已配准的 SAR 影像上，地面上任意一点的像元值可用复数表示，两复数共轭相乘可以得到该像元干涉后的复数表示形式。对所有像元进行共轭相乘即可生成干涉图。由于 SAR 影像在距离向和方位向上的分辨率不同，干涉后一般在方位向进行多视处理，使干涉图符合实际的比例。

3.2.4 去平地效应和干涉图滤波

干涉图生成之后，为解缠方便，还要进行平地效应去除和干涉图滤波。InSAR 主要是利用信号的相位信息获取目标的高程信息，在干涉处理过程中应当保证相位的关系不变，但 InSAR 轨道的几何关系使干涉相位图中本应保持不变的相位差发生变化，此类变化并不反映目标的高程变化，相位图中高度相同而干涉相位差不同的现象称为平地效应，在干涉图滤波和相位解缠之前应该消除平地效应。

干涉图像的噪声来源主要有系统热噪声，由叠掩、遮挡和时相变化引起的去相关噪声，局部匹配失准引起的噪声等。为尽可能地抑制噪声从而提高干涉图的质量，在相位解缠之前需要进行滤波处理。

3.2.5　相位解缠

从干涉图上获得的相位是被缠绕的，其值在 $-\pi \sim +\pi$ 之间，即相位存在 2π 的模糊问题。为将干涉相位和干涉图的成像几何关系联系起来从而获得地表高程，需要加上正确的模糊度，这一过程称为相位解缠。

3.2.6　高程估算及地理编码

根据公式计算出的地面目标的高程是斜距向坐标，还必须经过投影变换即地理编码过程才能成为与地图匹配的数字地形图。地理编码实际上就是把 SAR 距离-雷达坐标系转化为椭球体坐标系下的地图坐标系统，经过地理编码之后就可以生成数字高程模型。

3.3　多源影像数据时空信息融合技术

3.3.1　多源遥感数据融合目的

多源遥感数据融合的目的主要是将包含同一目标或场景的、在空间、时间、光谱上冗余或互补的多源遥感数据按照一定的规则（或算法）进行运算处理，获得比任何单一数据更精确、完整、有效的信息，生成具有新的空间、时间、光谱特征的合成图像数据（图 3-7），以达到对目标和场景的综合、完整描述，使之更适合视觉感知或计算机处理。

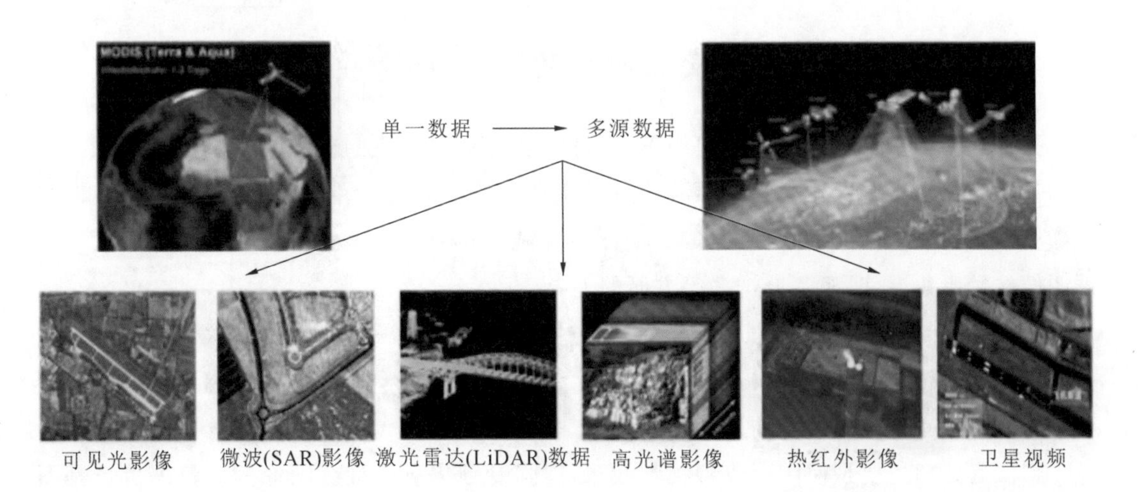

图 3-7　多源数据融合

3.3.2 多源遥感影像融合流程

多源影像数据时空信息融合技术主要针对多源信息样式及格式、信息融合流程、模式和融合效果评价方法等进行研究，关键技术主要包括多源信息时空配准技术、多源信息数据融合与参数优化技术、多源信息的目标关联技术。时空信息融合技术集成数据级、特征级和决策级专业信息融合处理模块和信息提取算法，具体包括图像预处理、影像配准、目标分割、目标检测、影像融合、综合显示等算法，支持可视化流程定制和二次开发，支持快速并行处理，支持图形化的信息融合分析、表达和显示。

多源遥感图像的融合流程并不只是一个简单的融合过程，而是综合了一系列规范化的遥感图像处理步骤。一般来说，遥感图像信息融合过程分为三个层次，即预处理、信息融合与应用层。融合流程用图 3-8 来表示。

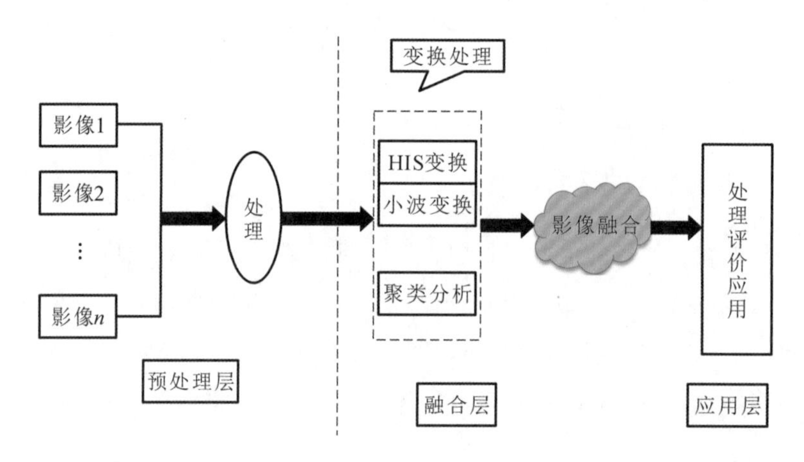

图 3-8 多源遥感影像融合过程

预处理指的是对图像进行几何纠正、辐射增强、几何增强、去噪、配准等。几何校正及消噪的目的主要在于去除透视收缩、叠掩、阴影等地形因素以及卫星扰动、天气变化、大气散射等随机因素对成像结果一致性的影响；而图像配准（registration）的目的在于消除不同传感器图像在拍摄角度、时相及分辨率等方面的差异。

变换处理是影像融合所采用算法的处理过程，它决定了融合图像的层次和质量。就目前而言像素级融合算法较为成熟，在下一节通过实验分析对像素级多源遥感图像数据融合的常用算法做一个全面的总结。

图像后处理主要是使图像改善视觉效果、增强专题信息。融合图像的质量评价也是图像融合中一个非常重要的步骤，它不仅可以评价融合影像的好坏，对后续应用产生影响，更是评价融合算法性能的一个重要依据。

3.3.3　影像融合的基本要求

影像融合的基本要求主要包括以下三点：

(1) 相同季节融合调色后影像要色调基本一致，不同季节影像色彩应反映当时地类光谱特征；

(2) 根据影像波段的光谱范围、地物和地形特征等因素，选择能清晰表现土地类型特征和边界、色彩接近自然的融合算法；

(3) 融合影像应无重影、模糊等现象。

3.3.4　多源遥感数据融合算法

图像融合是结合多源遥感数据各自优势的主要步骤，在融合层次上主要分为像素集、特征级、决策级(图 3-9)。

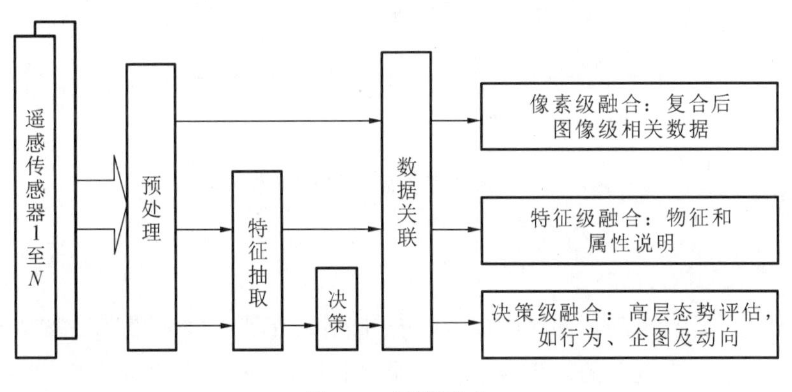

图 3-9　图像融合

1. 像素级信息融合

像素级影像融合是直接在原始图像上进行融合，或者经过适当的变换在变换域进行融合。这是最低层次的融合，可以在像素或分辨单元上进行，亦称数据级融合，它包括一维时间序列数据、焦平面数据。其空间配准的遥感影像数据直接融合，而后对融合的数据进行特征提取和属性说明。像素级影像融合主要是针对初始图像数据进行的，其目的主要是图像增强、图像分割和图像分类，从而为人工判读图像或更进一步的特征级融合提供更佳的输入信息。像素级融合的优点是保留了尽可能多的信息，具有较高精度，缺点是处理信息量大、费时、实时性差。

像素级融合已形成了丰富而有效的融合算法，融合方法主要有 HIS 变换方法、PCA 融合方法、HPF融合方法、Brovey变换方法等。

1）HIS变换方法

HIS变换是基于HIS色彩模型的融合变换方法。HIS色彩变换先将多光谱影像进行彩色变换，分离出强度I、色度H和饱和度S三个量，然后将高分辨率全色影像与分离的强度分量进行直方图匹配，再将分离的色度和饱和度分量与匹配后的高分辨率影像按照HIS反变换，进行彩色合成。该变换方法是为相关数据提供色彩增强、地质特征增强、空间分辨率的改善以及不同性质数据源的融合。其融合过程框图如图3-10所示。

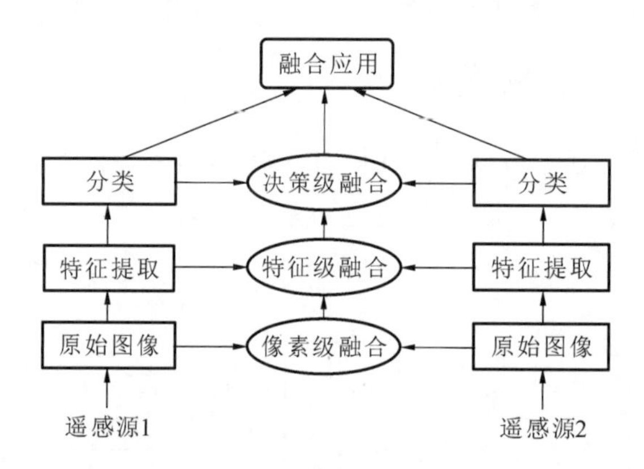

图3-10　像素级影像融合过程基本框架图

2）PCA融合方法

主分量变换（PCA）也是运用比较广泛的一种方法，主要是针对超过三波段影像的融合。而其他方法在超过三个波段的影像融合时受限，只能抽取和选择多光谱影像中的三个波段参与变换，无疑会使其他波段的信息丢失，不利于影像信息的综合利用。其方法是用不同遥感数据源的高空间分辨率图像替代第一主成分分量图像（PC1）。这种方法是通过引进高空间分辨率图像（如SPOT全色影像）以提高多光谱图像的空间分辨率，并假设第一主成分图像拥有输入PCA中所有波段的共同信息，而任一个波段中的独特信息则被映射到其他成分图像中。其融合过程框图如图3-11所示。

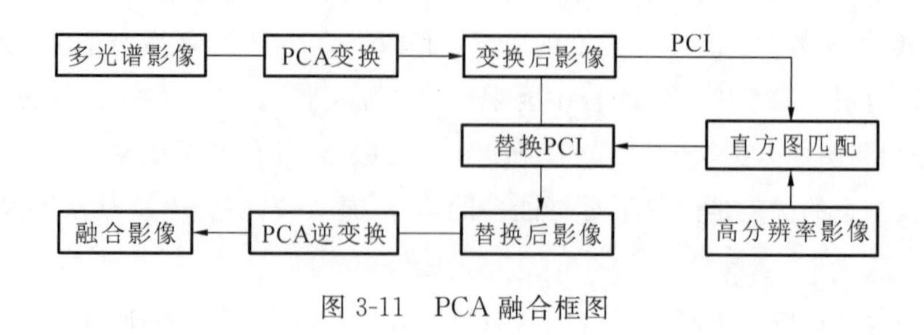

图3-11　PCA融合框图

3）HPF 融合方法

高通滤波(HPF)融合法是采用一个较小的空间高通滤波器对高空间分辨率影像滤波，直接将高通滤波得到的高频成分依像素地加到各低分辨率多光谱影像上，获得空间分辨率增强的多光谱影像。融合表达式如下：

$$F_k(i,j) = M_k(i,j) + \mathrm{HPH}(i,j) \tag{3-2}$$

式中：$F_k(i,j)$表示第 k 波段像素(i,j)的融合值；$M_k(i,j)$表示低分辨率多光谱影像第 k 波段像素(i,j)的值；$\mathrm{HPH}(i,j)$表示采用空间高通滤波器对高空间分辨率影像 $P(i,j)$滤波得到的高频影像像素(i,j)的值。

HPF 融合方法的优点是很好地保留了原多光谱图像的光谱信息，并且具有去噪功能，对波段数没有限制。但其不足之处是，由于 HPF 法的滤波器尺寸大小是固定的，对于不同大小的各种地物类型很难或不可能找到一个理想的滤波器，若滤波器尺寸取得过小，则融合后的结果图像将包含过多的纹理特征，并难于将高分辨率图像中空间细节融入结果中；若滤波器尺寸取得过大，则难于将高分辨率图像中非常重要的纹理特征加入低分辨率图像中去。

4）Brovey 变换方法

Brovey 变换是一种通过归一化后的三个波段多光谱影像与高分辨率影像乘积的融合方法，其公式：

$$\mathrm{DN}_{\mathrm{fused}} = \frac{\mathrm{DN}_{Bi}}{\mathrm{DN}_{Bi} + \mathrm{DN}_{B2} + \mathrm{DN}_{B3}} \cdot \mathrm{DN}_{\mathrm{pan}} \tag{3-3}$$

式中：$\mathrm{DN}_{\mathrm{fused}}$表示融合后的像素值；$\mathrm{DN}(i=1,2,3)$为多光谱影像中第 i 波段的像素值；$\mathrm{DN}_{\mathrm{pan}}$为高分辨率影像的像素值。

该方法常常用于影像锐化、TM 多光谱与 SPOT 全色、SPOT 全色与 SPOT 多光谱的数据融合。Brovey 变换的优点在于锐化影像的同时能够保持原多光谱信息内容。

2. 特征级信息融合

特征级影像融合属于中间层次的融合，先对原始信息进行特征提取，然后对特征信息进行综合分析和处理。该方法的关键是特征的选择。单个传感器只完成目标探测和特征提取处理，来自多传感器的目标信息或经滤波的轨迹则在目标分类之前组合成多源集成(MSI)轨迹，然后进行特征提取，产生特征矢量。融合这些特征矢量时可采用 Bayes 决策法、神经网络法等特征级融合法进行处理，作出基于融合特征矢量的属性说明。其优点是实现了可观的信息压缩，有利于实时处理，并且提供的特征直接与决策分析相关，因此融合的结果最大限度地给出了决策分析所需要的特征信息。目前大多数融合系统的研究都是在该层次上开展的，缺点是比像素级融合精度差。

其融合步骤主要包括(图 3-12):

(1) 对高空间分辨率图像和多光谱图像进行配准,配准精度要求在 1 个像元以内。

(2) 分别对高分辨率图像、多光谱图像进行 n 次小波变换(n 通常取 2 或 3),以得到各自相应分辨率的低频轮廓图像和高频细节纹理图像。

(3) 用低分辨率多光谱图像的低频部分来代替高分辨率图像的低频部分。

(4) 对替换后的图像进行小波逆变换,得到最终融合结果图像。

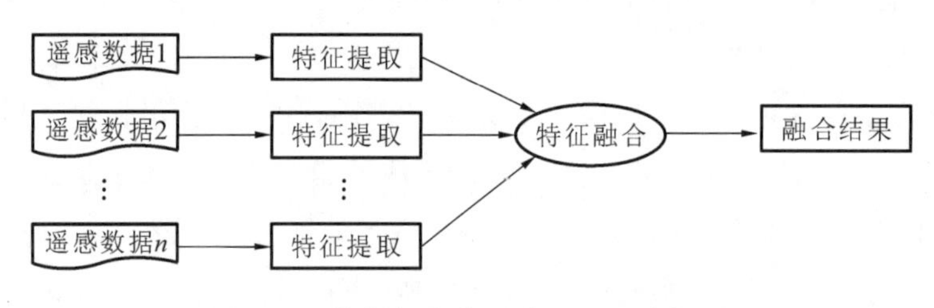

图 3-12　特征级影像融合过程基本框图

3. 决策级信息融合

决策级信息融合是最高水平的融合,每一个传感器先完成对目标的分类,完整的决策则是同另一个分类判决组合产生的。因此,对一个目标来说,在分类之前,至少要有两个传感器同时对它进行探测和分类。该融合方法的优点是具有很强的容错性、很好的开放性且处理时间短。目前,国内外学者热衷于研究此层次的信息融合。

上述三个层次的信息融合都各有其特点,在具体的应用中应根据融合目的和条件选用。不同融合层次的特点见表 3-2。

表 3-2　三种融合层次的特点比较

融合层次	信息损失	实时性	精度	容错性	抗干扰力	计算量	融合水平
像素级	小	差	高	差	差	大	低
特征级	中	中	中	中	中	中	中
决策级	大	好	低	优	优	小	高

3.3.5　高光谱和多光谱图像融合

图像融合是将两幅或多幅图像融合在一起,以提高图像的空间分辨率、改善图像几何精度、增强特征显示能力、改善分类精度、提供变化检测能力、替代或修补图像数据的缺陷,得到更为精确、更为全面、更为可靠的图像描述。

图像数据融合的技术方法多种多样，总体上可分为两类（图 3-13）：彩色技术和数学方法。彩色技术包括彩色合成、HIS 变换等。数学方法主要包括基本的数学运算和基于统计的分析方法以及小波分析等非线性方法。

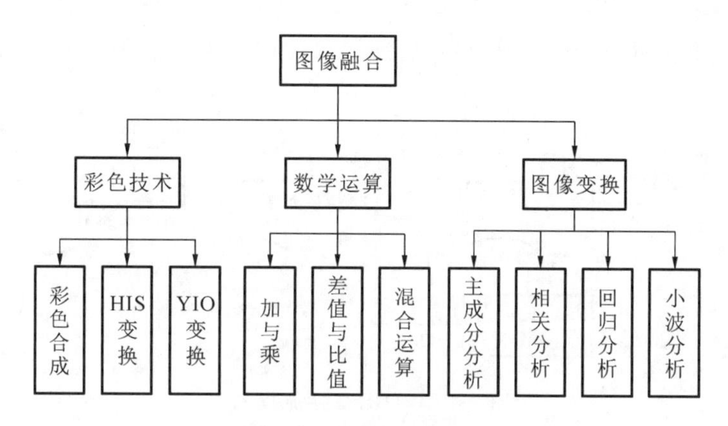

图 3-13　图像融合方法

目前，多光谱数据融合方法的研究较多，主要有分量替换融合法和小波分析融合法。这些方法同样可以推广到高光谱图像的数据融合中。

1. 分量替换融合法

分量替换法是将低空间分辨率高光谱影像进行某种变换，然后由高空间分辨率影像代替与其高度相关的分量，经逆变换获得空间分辨率增强的高光谱影像。其基本思想是将高光谱影像视为由空间和光谱两分量组成。将高光谱影像通过某种变换分离两分量，得到与高分辨率影像高度相关的空间分量和光谱信息分量。然后，用高分辨率影像的空间分量替换高光谱数据的空间分量，同时保持光谱信息不变，然后进行逆变换，得到融合影像。融合后的影像在保持原始波谱信息不变的同时，融合了高空间分辨率影像的空间信息，得到了高分辨率高光谱影像。

分量替换融合法的表达式如下：

$$I_i = f(X_1, \cdots, X_n) \tag{3-4}$$

式中，X_n 表示第 n 波段高光谱影像，I_i 表示变换后影像，n 为波段数，f 为标准正交变换函数，假设 I_1 是与高空间分辨率影像最相关的分量，用高空间分辨率影像的相应分量 P_1 替换 I_1，并进行逆变换得到：

$$X_i = f^{-1}(P_1, I_2, \cdots, I_n) \tag{3-5}$$

式中，X_i 表示采用分量替换融合法得到的高分辨率高光谱影像，f^{-1} 是 f 的反函数。

由上可知，I_1 由变换函数决定，不同的变换得到的融合效果不同。主要包括 HIS 彩色变换融合法和主分量变换 PCA 融合法。

HIS 变换是融合多源遥感数据的常用方法之一，其具体步骤是将影像变换到 HIS 空间，得到色别 H、明度 I 和饱和度 S 三个分量，然后将高空间分辨率影像进行直方图匹配或对比度拉伸，使之与 I 有相同的均值和方差，最后用拉伸后的高空间分辨率影像分量代替 I 分量，同原 H、S 进行 HIS 逆变换得到空间分辨率高的融合图像。其流程图如图 3-14 所示。

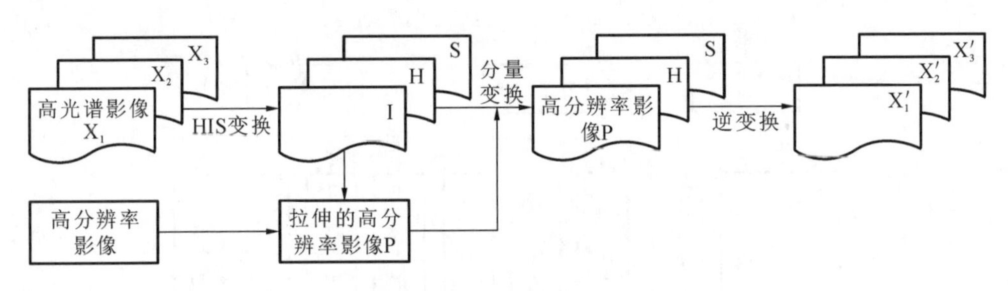

图 3-14　HIS 变换流程图

采用主分量变换对低分辨率高光谱影像与高空间分辨率影像融合时，为使各波段具有同等重要性，使用高光谱间的相关矩阵求特征值和特征向量，从而对得到的主分量进行变换。主分量变换融合的流程如图 3-15 所示。

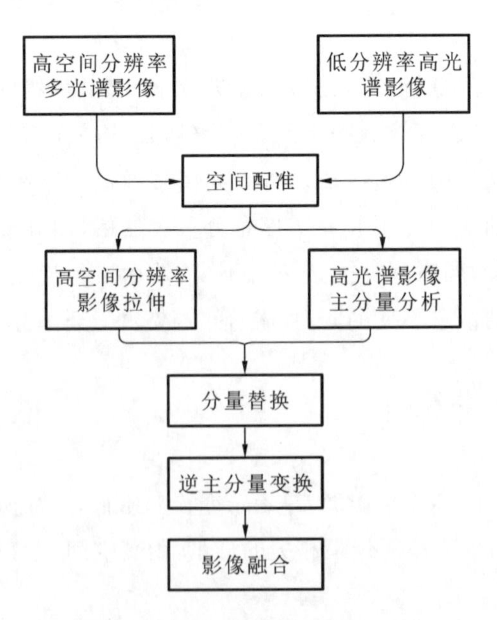

图 3-15　主分量变换融合流程图

主分量变换融合的影像在保留原高光谱影像的光谱特征方面优于 HIS 融合法，光谱特征的扭曲程度小，增强了影像的判读和量测能力，并且克服了 HIS 变换对影像波段数目的局限性，应用范围较广。

2. 小波分析融合法

由于基于像素通过映射变换的融合方法受到不同类型影像之间的兼容性差、数据处理量大、获取同一地区同一时间的影像难度大的制约，同一目标在不同传感器影像数据之间呈非线性关系。

小波变换是一个非线性理论模型，可将图像分解为具有不同空间分辨率、频率特性和方向特性的子信号。其分频特征相当于高、低双频滤波器，能够将信号分解为高频和低频信息，同时保留原信号所包含的信息。具有变焦性、信息保持性和小波基选择的灵活性等优点，能够实现对数据的无损压缩和图像的完全重构。

具有有限能量的函数 $f(x)(f(t)\in L^2(R))$ 的小波变换定义为函数族 $\varphi_{a,b}(t)=\frac{1}{\sqrt{a}}\varphi\left(\frac{t-b}{a}\right)$ 表达式积分核的积分变换，表达式如下：

$$W_f(a,b)=W_f(a,b)=\int_{-\infty}^{+\infty}f(t)\varphi_{a,b}(t)\mathrm{d}t=\int_{-\infty}^{+\infty}f(t)\frac{1}{\sqrt{a}}\varphi\left(\frac{t-b}{a}\right)\mathrm{d}t \tag{3-6}$$

式中，a 是尺度参数($a>0$)，b 是定位参数，函数 $\varphi_{a,b}(t)$ 称为小波，$\varphi(t)$ 为小波基。小波基应具有速降特性和均值为 0 的特征。

对于所有 $f(t),\varphi(t)\in L^2R$，$f(t)$ 的连续小波逆变换表达式如下：

$$f(t)=\frac{1}{C_\varphi}\int_{-\infty}^{\infty}\int_{0}^{\infty}a^{-2}W_f(a,b)\varphi_{a,b}(t)\mathrm{d}a\mathrm{d}b \tag{3-7}$$

其二维函数的连续小波变换为：

$$W_f(a,b_x,b_y)=\int_{-\infty}^{+\infty}\int_{-\infty}^{+\infty}f(t_1,t_2)\varphi_{a,b_x,b_y}(x,y)\mathrm{d}x\mathrm{d}y \tag{3-8}$$

式中，b_x,b_y 表示在 x,y 方向上的平移，二维连续小波逆变换为：

$$f(x,y)=\frac{1}{C_\varphi}\int_{0}^{\infty}\int_{-\infty}^{\infty}\int_{-\infty}^{\infty}W_f(a,b_x,b_y)\varphi_{a,b_x,b_y}(x,y)\mathrm{d}b_x\mathrm{d}b_y\frac{\mathrm{d}a}{a^3} \tag{3-9}$$

式中，$\varphi_{a,b_x,b_y}(x,y)=\frac{1}{|a|}\varphi\left(\frac{x-b_x}{a},\frac{y-b_y}{a}\right)$；$\varphi(x,y)$ 为二维小波基。

将连续小波函数二进制离散化得到：

$$\varphi_{m,n}=\frac{1}{\sqrt{2^m}}\varphi\left(\frac{t-n2^m}{2^m}\right)=2^{-m/2}\varphi(2^{-m}t-n) \tag{3-10}$$

则可定义离散小波变换为：

$$W_f(m,n) = \int_{-\infty}^{\infty} f(t)\varphi_{m,n}(t)\mathrm{d}t = \langle f, \varphi_{m,n} \rangle \tag{3-11}$$

对于 $\varphi(x,y)=\varphi(x)\varphi(y)$ 为一维函数。则有二维离散小波变换数据集

$$\{\varphi_{j,m,n}^{l}(x,y)\} = \{2^j \varphi^l (x - 2^j m, y - 2^j n)\} \tag{3-12}$$

式中，j,l,m,n 为整数，$j \geqslant 0, l=1,2,3$ 是 $L^2(R^2)$ 下的正交归一基。目前，基于 mallat 小波变换融合方法的研究较多。其主要流程如图 3-16 所示。

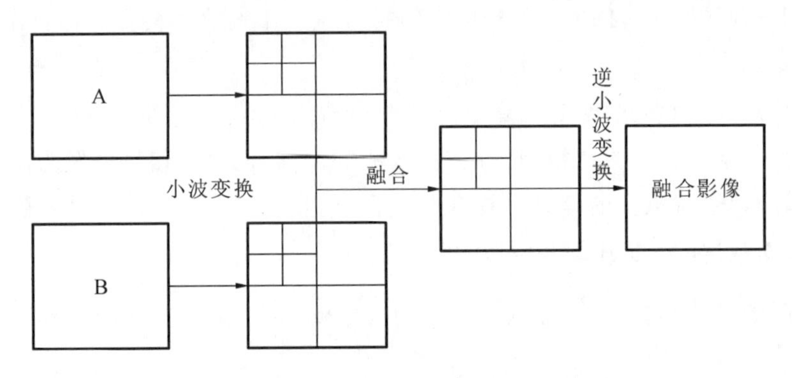

图 3-16　基于 mallat 小波变换融合流程图

首先，基于小波变换的多分辨率分析分别用于计算图像 A、B 的小波系数和近似数据，每级分解的小波系数根据融合模型计算融合后的小波系数。然后，对影像 A、B 小波分解后的最低分辨率层的基带数据进行加权融合。最后，将融合后的基带数据和融合后的小波系数做小波逆变换得到融合影像。

3.3.6　SAR/InSAR 影像与光学影像融合

随着近年来传感器技术、无线通信技术和航空航天技术等相关学科的快速发展和创新，世界范围内已经成功发射并运行着大量的光学遥感卫星和合成孔径雷达（Synthetic Aperture Radar，SAR）卫星。目前全球共有 438 颗地球遥感卫星在轨，中国拥有最多的大型遥感卫星，合计有 84 颗，例如高分系列、资源系列、高景 1 号、吉林 1 号等；而美国和欧盟分别有 50 颗和 49 颗大型遥感卫星以及大约 150 颗小型遥感卫星，例如 QuickBird、IKONOS、WorldView、TerraSAR-X 系列。

光学数据与合成孔径雷达（SAR）数据是卫星遥感领域最常见的两种数据类型，由于各自的成像原理不同，两者在对地观测上各有千秋。SAR 传感器具有全天时、全天候探测能力，能够穿透云层、雾气且不受阴影遮挡、光照时间的影响，但其纹理和地物辐射信息量不够，解译难度也比较大。光学遥感影像能够直观地将纹理、颜色与形状等方面的信息反映给使用者，但由于光照和天气的限制，数据获取的能力有限。简而言之，SAR 遥感影像在几何

特征上具有明显优势，光学遥感影像在辐射特征上能够提取丰富的光谱信息，对于分类、解译更有利。

光学、SAR 等不同类型遥感数据每天以数千 GB 的速度在增加，这为遥感影像多源处理提供了丰富的数据源。如何从海量的高分辨率遥感图像中实现指定目标的解译，充分挖掘多源信息，将成为遥感信息应用领域的关键环节。

综上所述，开展多源遥感影像融合的目标解译，不仅对于多源遥感影像融合与目标解译处理理论发展具有重要意义，而且有利于充分挖掘海量遥感数据，实现目标层面多源信息解译，为航天侦察、军事打击、情报分析等军用领域，城市规划、航空管制、交通导航等民用领域提供目标信息支持。下面介绍常用的一些融合方法。

(1) 基于 HSV 色彩空间的像素级融合技术。相较于光学影像存在多个波段之间的相互信息，SAR 影像可利用的信息较为稀少。光学和 SAR 影像成像原理不同，虽然在成像质量、目视效果等方面 SAR 影像比光学影像要差，但是 SAR 影像可以提供一些特殊效果的信息，如被云层、阴影遮挡的物体。此外 SAR 影像中不同地物的亮度、形状等特征也与光学影像大不相同，例如船舰目标在光学影像中与码头复杂的背景混杂在一起，不易分辨，但在 SAR 影像中，由于其金属材质的船身和粗糙的表面往往使得舰船目标亮度较高。为此，通过对单波段 SAR 影像结合光学影像多光谱信息，进行基于 HSV 色彩空间的像素级融合，提升 SAR 影像信息量。

该融合方法是为了将 SAR 影像构成一个包含光学影像多光谱信息的三波段彩色影像。令 I_{sar} 和 I_{mul} 分别表示 SAR 影像(单波段灰度图)和光学影像(三波段 RGB 彩色影像)。首先将 I_{mul} 从 RGB 空间转换为 HSV 空间，得到 H、S 和 V 三个分量：

$$[H,S,V] = \mathrm{rgb2hsv}(I_{mul}) \tag{3-13}$$

其中，$H \in [0°,360°]$ 是色调的角度，从红色(0°)到绿色(120°)到蓝色(240°)再到红色(360°)；$S \in [0,1]$ 是饱和度，用于描述颜色是如何变白的；$V \in [0,1]$ 是亮度，用于描述颜色是如何变亮的。

作为广泛使用的 RGB 模型的替代品，HSV 的定义方式与人类视觉感知颜色的方式类似。通过直接保留 I_{mul} 的 H 和 S 作为 I_{fus} 的色调饱和度，并将 V 和 I_{sar} 标准化为 $\overline{V}$ 和 $\overline{I}_{sar}$，然后将 I_{fus} 的值分量 V_C 作为 $\overline{V}$ 和 $\overline{I}_{sar}$ 的加权线性组合。

$$V_c = \alpha \overline{I}_{sar} + \beta \overline{V} \tag{3-14}$$

其中，权重 α 和 β 与 $\overline{I}_{sar}$ 和 $\overline{V}$ 的熵有关：

$$\begin{cases} \alpha = \dfrac{E(\overline{I}_{sar})}{E(\overline{I}_{sar}) + E(\overline{V})} \\ \beta = \dfrac{E(\overline{V})}{E(\overline{I}_{sar}) + E(\overline{V})} \end{cases} \tag{3-15}$$

最后将 H、S、V_C 结合得到 I_{fus}

$$I_{\text{fus}} = \text{hsv2rgb}([H, S, V_C]) \tag{3-16}$$

(2) HIS 变换理论。在图像处理中经常应用的彩色坐标系统有 RGB、HIS、YIQ 空间等。计算机上显示的彩色图像一般用 RGB 颜色空间来表示和存储像素点的颜色信息，虽然 RGB 有利于图像显示，但与人眼的感知差别很大，不符合人们的视觉习惯，不适合用于图像分割和分析，因为 R、G、B 分量是高度相关的，只要亮度改变，3 个分量都会发生相应改变。

HIS 模型是另外一种彩色模型，它是基于视觉原理的一个系统，定义了三个互不相关，容易预测的颜色心理属性，即亮度(Intensity)、色调(Hue)和饱和度(Saturation)。其中，I 是光作用在人眼中所引起的明亮程度的感觉，H 反映了彩色的类别，S 反映了彩色光所呈现彩色的深浅程度(浓度)。HIS 空间中的三个分量，具有相对独立性，可分别对它们进行控制。HIS 模型有两个特点，即 I 分量与影像的彩色分量无关；H 分量和 S 分量与人感受彩色的方式是紧密相连的，这些特点使得 HIS 模型非常适合于借助人的视觉系统来感知彩色特性的影像处理算法。HIS 彩色空间可以大大简化影像分析和处理的工作量，并且可以提供在彩色变换上更好的控制。

影像进行 HIS 变换后，亮度分量和色度、饱和度分量的相关性很低，因而非常便于影像的融合处理。Haydn 等人首先提出了经典的 HIS 融合算法，因为其融合后能保留绝大部分高分辨率影像的空间细节信息，使得其空间分辨率十分接近高分辨率影像，而得到了广泛的应用。目前 HIS 变换的模型繁多，主要有球体变换、圆柱体变换、三角形变换和单六角锥体四种，但对于影像融合而言，四种模型的区别并不明显。为方便分析，Te-Ming Tu 等人将 HIS 变换归结为线性变换和非线性变换两个主要模型。

线性 HIS 变换正逆变换公式如下：

$$\begin{pmatrix} I \\ V_1 \\ V_2 \end{pmatrix} = \begin{pmatrix} 1/3 & 1/3 & 1/3 \\ -\sqrt{2}/6 & -\sqrt{2}/6 & -\sqrt{2}/6 \\ 1/\sqrt{2} & -1/\sqrt{2} & 0 \end{pmatrix} \begin{pmatrix} R \\ G \\ B \end{pmatrix} \tag{3-17}$$

$$\begin{pmatrix} R \\ G \\ B \end{pmatrix} = \begin{pmatrix} 1 & -1/\sqrt{2} & 1/\sqrt{2} \\ 1 & -1/\sqrt{2} & -1/\sqrt{2} \\ 1 & \sqrt{2} & 0 \end{pmatrix} \begin{pmatrix} I \\ V_1 \\ V_2 \end{pmatrix}$$

其中，V_1，V_2 为计算的中间变量，色度 H、饱和度 S 可由下式计算得出：

$$H = \arctan\left(\frac{V_1}{V_2}\right), S = \sqrt{V_1^2 + V_2^2} \tag{3-18}$$

非线性 HIS 变换公式如下：

$$\begin{cases} I = \dfrac{(R+G+B)}{3} \\ H = \begin{cases} \arccos\alpha & \text{if} \quad G > B \\ 2\pi - \arccos\alpha & \text{if} \quad G > B \end{cases} \\ S = 1 - \dfrac{3 \cdot \min(R,G,B)}{(R+G+B)} \end{cases} \tag{3-19}$$

其中，$\alpha = \dfrac{(2R-G-B)/2}{\sqrt{(R-G)^2+(R-B)\cdot(G-B)}}$。

非线性 HIS 变换正变换公式如下：

若 $0 \leqslant H < 2\pi/3$，

$$\begin{cases} R = I \cdot \left[1 + \dfrac{S \cdot \cos H}{\cos(\pi/3)}\right] \\ B = I \cdot (1-S) \\ G = 3I - (G+R) \end{cases} \tag{3-20}$$

若 $2\pi/3 \leqslant H < 4\pi/3$，

$$\begin{cases} G = I \cdot \left[1 + \dfrac{S \cdot \cos(H - 2\pi/3)}{\cos(\pi - H)}\right] \\ R = I \cdot (1-S) \\ B = 3I - (G+R) \end{cases} \tag{3-21}$$

若 $4\pi/3 \leqslant H < 2\pi$，

$$\begin{cases} G = I \cdot \left[1 + \dfrac{S \cdot \cos(H - 4\pi/3)}{\cos(5\pi/3 - H)}\right] \\ R = I \cdot (1-S) \\ B = 3I - (G+R) \end{cases} \tag{3-22}$$

利用 HIS 变换法进行高分辨率影像与多光谱影像的融合，融合后的影像不仅在空间分辨率和清晰度上比原多光谱影像有了相当大的提高，且较大程度上保留了多光谱影像的光谱特征，因而判读和测量能力都有很大提高，有利于改善判读、提取和影像测图精度。

(3) Brovey 变换理论。Brovey 变换融合法是一种简单的融合方法，它假设高分辨率全色影像与多光谱影像有相同的光谱响应范围，然后将高分辨率全色影像与多光谱影像各个波段相乘完成融合。其公式为：

$$\begin{cases} R = \text{pan} \cdot \text{band}_3 / \sum_{i=1}^{3} \text{band}_i \\ G = \text{pan} \cdot \text{band}_2 / \sum_{i=1}^{3} \text{band}_i \\ B = \text{pan} \cdot \text{band}_1 / \sum_{i=1}^{3} \text{band}_i \end{cases} \tag{3-23}$$

式中，pan 表示高分辨率全色影像，band 表示多光谱的波段。该方法几乎保持了原图像的色调信息且增强了空间分辨率，但是具有一定的光谱扭曲，且其要求融合影像的光谱范围要一致或者相近。

(4) Gram-Schmidt 变换理论。Gram-Schmidt 变换(以下简称 G-S 变换)是线性代数中常用的多维线性正交变换，其实质是一种相位恢复算法。在任意可内积的空间，任意一组相互独立的向量都可以通过 Gram-Schmidt 变换找到该向量的一组正交基。设$\{u_1, u_2, \cdots, u_n\}$是一组相互独立的向量，G-S 变换构造正交向量$\{v_1, v_2, \cdots, v_n\}$的方式如下：

假设 $v_1 = u_1$，依次计算第 $i+1$ 个正交向量：

$$v_{i+1} = u_{i+1} - \mathrm{proj}_{w_i} u_{i+1} \tag{3-24}$$

$$\mathrm{proj}_{w_i} u_{i+1} = \frac{\langle u_{i+1}, v_i \rangle}{\| v_i \|^2} v_i \quad (i = 1, 2, \cdots, n) \tag{3-25}$$

式中，w_i 为已经计算的前 i 个正交向量跨越的空间，$\mathrm{proj}_{w_i} u_{i+1}$ 是 u_{i+1} 在 w_i 的正交投影。第二个向量 v_2 的计算如图 3-17 所示，其中 $v_1 = u_1$。

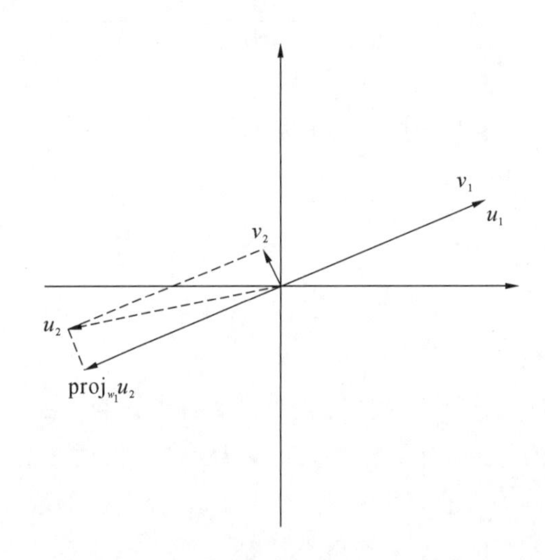

图 3-17 G-S 变换的第二个向量

基于 G-S 变换的融合方法是一种多光谱数据融合方法，其融合效果较好，可使空间信息明显增强，光谱保真度较高。

(5) K-L 变换理论。K-L 变换是一种最小均方误差意义上的最优正交变换，是由 Karhunen 和 Loeve 两人对随机过程进行级数展开而提出的。K-L 变换的基本过程为：首先对多光谱影像进行 K-L 变换，求出各个分量影像，然后对高分辨率的影像进行灰度拉伸，使其具有与第一主成分相同的方差和均值，然后用拉伸后的高分辨率影像替代第一主成分，最后进行主成分逆变换得到融合影像。

K-L 变换法融合的具体步骤如下：

① 计算参与融合的多光谱影像的相关矩阵 R。

② 由相关矩阵 R 计算特征值 λ_i 和特征向量 $\varphi_i (i=1,2,\cdots,n)$。

③ 将特征值按由大到小的次序排列，即 $\lambda_1 > \lambda_2 > \cdots > \lambda_n$。特征向量 φ_i 也要做相应改变。

④ 按下式计算各主分量影像：

$$\mathrm{PC}_k = \sum_{i=1}^{n} d_i \varphi_{ik} \tag{3-26}$$

式中：k 为主分量序数$(k=1,2,\cdots,n)$；PC_k 为第 k 主分量；i 为输入波段序数；n 为总的波段数；d_i 为第 i 波段影像灰度矩阵；φ_{ik} 为特征向量矩阵在 i 行、k 列的元素。

⑤ K-L 变换后，第一主成分的方差最大，其包含原来多光谱影像的大量信息，而多光谱影像的光谱信息则保留在其他分量影像中。

⑥ 拉伸高分辨率影像，使其与第一主成分具有相同的均值和方差。

⑦ 使用拉伸之后的影像代替第一主成分，将其与其他主成分做主成分逆变换即可得到融合影像。

由于 K-L 变换可以保留信息，减少相关性，因而采用 K-L 变换的方法融合的影像不仅空间分辨率和清晰度较原多光谱影像有所提升，突出了不同的地物目标，而且在保留原始光谱信息方面优于 HIS 融合方法，可以增强多光谱影像的判读和量测能力。

融合方法的选取应根据融合的目的、数据源类型、数据特点等依据来选取。图像融合技术大致可分为彩色相关技术和数学方法。彩色相关技术包括彩色合成、彩色空间变换等；数学方法包括加减乘除的算术运算、基于统计的分析方法以及小波分析等非线性方法。不同类型的图像数据之间在地物表现的亮度、空间尺度以及波段相关性等方面的差异很大，因此可以通过对不同类型和不同波段图像数据的多种形式的数学组合来提取有用信息和抑制噪声，将这种有利的识别环境显示给用户。

影像融合的效果评价是影像融合处理必不可少的环节之一，通过效果评价，可以进一步调节算法参数，优化整个融合处理过程。在实际应用中，评价影像融合算法的性能是个非常复杂的问题。理想的融合算法应既有新信息的摄入，又有原有有用信息的保留和继承。衡量融合图像的效果时，应遵循以下原则：①融合图像应包含多源图像中尽可能多的有用信息，同时具备源图像的光谱信息和纹理细节。②融合图像中不应引入人为的虚假信息，否则会妨碍人眼识别以及后续的目标识别过程。③算法应使融合图像的噪声降到最低程度。④

在图像配准等前期预处理效果不理想时，算法还应保持其可靠性和稳定性，即无论在什么条件下算法的性能都不会有太大的变化。

3.3.7 融合评价、质量标准

目前，大多数专家认为影像融合质量评价分为主观评价和客观评价，两者相辅相成。主观评价以人的视觉感官和经验知识为基础，直观简洁，但是主观评价易受人主观因素的影响，不同的人会得出不同的评价，客观性低。客观评价是通过对影像的特性的分析从数理统计的角度建立相应的特征评估模型，以这些模型来比较评价影像融合算法。目前主要采用的是主观评价结合客观评价的方法。

(1) 定性评价。定性评价方法是比较主观的评价方法，通过目视比较，对融合影像质量做出评价。对于影像的清晰度、亮度、色彩丰富性等，主观评价的结果都具有一定的参考意义。因此，定性评价是融合影像质量评价中比较重要的评价准则。

(2) 定量评价。定量评价方法是运用准确、客观的数学模型实现对融合影像质量评价的方法，分为单一影像统计特征评价方法、根据融合影像与原始影像关系的评价方法两个类别。

① 单一影像统计特征评价方法：

均值。该定量评价指标是所有像素灰度的平均值，在目视效果上反映为平均亮度，公式为：

$$Z=\frac{\sum_{i=1}^{M}\sum_{j=1}^{N}F(i,j)}{M\cdot N} \tag{3-27}$$

式中：M 为影像的行数；N 为影像的列数。

信息熵。该定量评价指标反映了影像的信息丰富度，融合影像的信息熵越大，影像融合的效果越好，公式为：

$$E=-\sum_{i=1}^{U}P_i\lg(P_i) \tag{3-28}$$

式中：E 为影像的信息熵；U 为影像的最大灰度级。

平均梯度。该定量评价指标反映了影像的清晰程度，其值越大，影像的空间细节和纹理信息越清晰，公式为：

$$G=\frac{1}{(M-1)(N-1)}\sum_{i=1}^{M-1}\sum_{j=1}^{N-1}\cdot\sqrt{\frac{\left[\frac{\partial F(i,j)}{\partial x}\right]^2+\left[\frac{\partial F(i,j)}{\partial y}\right]^2}{2}} \tag{3-29}$$

式中：$F(i,j)$为影像在(i,j)处的灰度值；$\frac{\partial F(i,j)}{\partial x}$为影像在行方向亮度平均值的变化梯度；$\frac{\partial F(i,j)}{\partial y}$为影像在列方向亮度平均值的变化梯度。

空间频率。该定量评价指标反映了影像的全面活跃程度，其值越高，融合影像的细节成分越丰富。其中，影像的行频率定义为：

$$f_R = \sqrt{\frac{\sum_{i=1}^{M}\sum_{j=2}^{N}[F(i,j) - F(i-1,j)]^2}{M \cdot N}} \tag{3-30}$$

影像的列频率定义为：

$$f_C = \sqrt{\frac{\sum_{i=2}^{M}\sum_{j=1}^{N}[F(i,j) - F(i-1,j)]^2}{M \cdot N}} \tag{3-31}$$

影像的空间频率定义为：

$$f_c = \sqrt{f_R^2 + f_C^2} \tag{3-32}$$

② 根据融合影像与原始影像关系的评价方法：

交叉熵。该定量评价指标反映了融合前的影像与融合影像之间的灰度信息分布差异，其值越小，两幅影像之间的差别越小，影像融合的效果就越好，公式为：

$$C = -\sum_{i=1}^{L} P_i \log_2 \frac{P_i}{q_i} \tag{3-33}$$

偏差指数。该定量评价指标反映了融合影像保留原始影像光谱特征的能力及传达全色波段遥感影像微小细节信息的能力，其值越小，匹配程度越高，传递能力越强，影像融合效果越好，公式为：

$$D = \frac{1}{MN}\sum_{i=1}^{M}\sum_{j=1}^{N}\frac{|F(i,j) - A(i,j)|}{A(i,j)} \tag{3-34}$$

相关系数。该定量评价指标反映了两幅影像的相关程度，其值越大，获得的信息越多，保持光谱特性能力越强，影像融合效果越好，公式为：

$$\rho = \frac{\sum_{i=1}^{M}\sum_{j=1}^{N}[F(i,j) - F][A(i,j) - A]}{\sqrt{\sum_{i=1}^{M}\sum_{j=1}^{N}[F(i,j) - F]^2 \sum_{i=1}^{M}\sum_{j=1}^{N}[A(i,j) - A]^2}} \tag{3-35}$$

式中：F 为融合影像 F 的灰度均值；A 为原始影像 A 的灰度均值。

(3) 融合评价。根据图像信息量的增加、图像质量的改进和光谱信息的评价性能，可以将定量评价指标进行分类。根据定量评价指标及其选取原则，选取均值、信息熵、平均梯度、空间频率、交叉熵、偏差指数、相关系数等定量评价指标进行影像融合的效果评价。根据运算结果，将分别统计出不同融合影像的定量评价指标（表 3-3），这些统计值是影像质量的特征统计值。

表 3-3　定量评价指标分类

评价性能	评价方法
图像信息量的增加	信息熵、交叉熵
图像质量的改进	平均梯度、空间频率
光谱信息的继承	均值、偏差指数、相关系数

对比不同融合影像的不同定量评价指标，可以从融合影像的亮度、清晰度、信息量、光谱特性 4 个方面进行结果评价。

融合影像的亮度：均值可以反映影像的亮度，影像亮度的增加有利于不同地物的识别和判读。

融合影像的清晰度：可以通过平均梯度与空间频率定量评价指标来分析影像的清晰度。

融合影像的信息量：影像信息量的丰富程度可以用熵值来衡量说明，熵值越大，说明影像融合的效果越好。影像中包含的信息增多，可以用信息熵和交叉熵来分析说明，其中信息熵着重于影像本身信息量的衡量，而交叉熵着重于融合影像相比原始影像信息量的增加。

融合影像的光谱特性：通过相关系数和偏差指数判断融合影像能否较好地保留原始影像的光谱特征以及其他细节方面的信息。

由于融合算法的多样性带来融合效果的多变性，融合评价指标是衡量融合效果的一些性能参数，这些参数可以通过评价得到，也可以通过客观定量计算得到。常用的评价指标可分为以下几种：

（1）基于单幅影像统计特征的评价：主要评价参数有均值、标准差、熵值、平均梯度等。

（2）基于融合图像与标准参考图像之间关系的评价方法：主要评价参数有平均偏差、均方根误差、信噪比和峰值信噪比等。

（3）基于融合图像与原图像关系的评价方法：主要评价参数有互信息量、相关系数、相对全局维数综合误差和相对平均光谱误差等。

在本书的应用示范章节中，全面衡量图像融合效果时，结合主观和客观的评价方法，根据影像覆盖地域、获取时间、应用目的等采用了多个评价指标。

3.4　机器学习/深度学习

3.4.1　支持向量机(SVM)模型

20 世纪 90 年代 Vapnik 首次提出了支持向量机(Support Vector Machine,SVM)模型,在线性分类领域得到了极大的运用,但在求解非线性问题时分类效果并不理想,直到后面引入了核函数的概念,才很好地解决了该问题,最终使得支持向量机(SVM)被广泛应用于各个领域。支持向量机的主要思路是在样本空间中寻找到一个最优超平面对各类样本进行分类,同时使得离超平面最近的样本点到超平面的距离值最大。这些样本被称为“支持向量”,在算法的计算过程中主要是这些样本起了作用,而其余样本没有起到太大的作用。独特的算法结构大大降低了计算的复杂度,提高了运算速度的同时减少了计算机内存占用,结构图如图 3-18 所示。

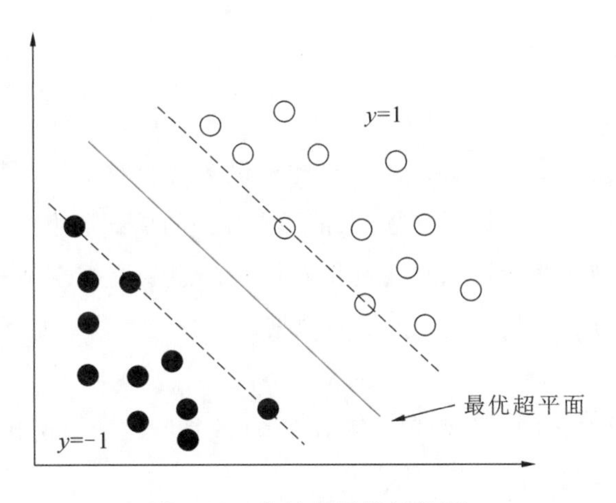

图 3-18　支持向量机结构图

针对训练的数据集 $D=\{(x_1,y_1),(x_2,y_2),\cdots,(x_n,y_n)\}$,$y_i\in\{-1,+1\}$,其中 x_i 为样本属性,y_i 为对应的类别,数据集通常有线性、非线性两种状况,线性状况又可以分为可分和不可分。

对于线性可分的情况,在样本空间中,超平面可以使用下式来描述:

$$\omega^{\mathrm{T}}x+b=0 \tag{3-36}$$

式中,$\omega=(\omega_1,\omega_2,\cdots,\omega_d)$为法向量,$b$ 为位移项,超平面是由这两个因子来确定的。若数据集 D 能被超平面正确分类,则属性样本 x_i 应满足:

$$\begin{cases}\omega^{\mathrm{T}} x_i + b \geqslant 0, y_i = 1 \\ \omega^{\mathrm{T}} x_i + b \leqslant 0, y_i = -1\end{cases}, \quad i = 1,2,\cdots,n \tag{3-37}$$

该优化问题就转变为，在满足上述约束条件的情况下，找到参数 ω 和 b，使得不同类别的样本间都有比较远的距离，即求解 $2/\|\omega\|$ 的最大值，同时也相当于最小化 $\frac{1}{2}\|\omega\|^2$。因此求取最优超平面可使用下式表示：

$$\begin{cases}\min\limits_{\omega,b} \frac{1}{2}\|\omega\|^2 \\ \text{s. t. } \ y_i(\omega^{\mathrm{T}} x_i + b) \geqslant 1, i = 1,2,\cdots,n\end{cases} \tag{3-38}$$

上面的分析中，最大化 $2/\|\omega\|$ 仅与 ω 有关，但是实际上 b 通过上式中的约束条件影响着参数 ω 的取值。同时该问题也是凸优化问题中的二次规划问题，保证了该问题有唯一的局部最小值，同时也是全局最小值。

在现实中往往存在着很多线性不可分的情况，解决该问题的一个思路是引入松弛变量 ξ_i，允许支持向量机在分类过程中存在一定的错误，对于一些不满足约束条件的样本，使用下列公式来求取最优解：

$$\begin{cases}\min\limits_{\omega,b,\xi_i} \frac{1}{2}\ \|\omega\|^2 + c\sum\limits_{i=1}^{n}\xi_i \\ \text{s. t. } \ y_i(\omega^{\mathrm{T}} x_i + b) \geqslant 1 - \xi_i, \xi_i \geqslant 0, i = 1,2,\cdots,n\end{cases} \tag{3-39}$$

式中，c 为惩罚参数，ω、b、ξ_i 为待求变量，此最优解问题对于任意数据集，都可求出最优解。同时也是凸优化中的二次规划问题，保证了有唯一的局部最小值，也是全局最小值。

支持向量机在处理非线性问题时通过将向量 x 映射到高维空间中，然后再使用支持向量机处理线性数据的方法寻找最优超平面对数据进行分类。公式如下：

$$\omega^{\mathrm{T}}\varphi(x) + b = 0 \tag{3-40}$$

其中 $\varphi(x)$ 表示样本 x 的空间映射关系，同理非线性问题的最优超平面为：

$$\begin{cases}\min\limits_{\omega,b,\xi_i} \frac{1}{2}\ \|\omega\|^2 + c\sum\limits_{i=1}^{n}\xi_i \\ \text{s. t. } \ y_i(\omega^{\mathrm{T}}\varphi(x_i) + b) \geqslant 1 - \xi_i, \xi_i \geqslant 0, i = 1,2,\cdots,n\end{cases} \tag{3-41}$$

为了更容易地进行计算，将其转变为计算对偶优化问题来计算最优解：

$$\begin{cases}\max\limits_{\alpha} L_D = \sum\limits_{i=1}^{n}\alpha_i - \frac{1}{2}\sum\limits_{i=1}^{n}\sum\limits_{j=1}^{n}\alpha_i\alpha_j y_i y_j K(x_i, y_j) \\ \text{s. t. } \ 0 \leqslant \alpha_i \leqslant C, \sum\limits_{i=1}^{n}\alpha_i y_i = 0\end{cases} \tag{3-42}$$

式中，$K(x_i, x_j) = (x_i{}^{\mathrm{T}} x_j)^d$ 为核函数 x_i 和 y_j 在特征空间中的内积，在 SVM 中常用的核函数包括多项式核函数：

$$K(x_i, x_j) = \exp\left(-\frac{\| x_i - x_j \|^2}{2\sigma^2}\right) \tag{3-43}$$

线性核函数：

$$K(x_i, x_j) = (x_i^{\mathrm{T}} x_j)^{\mathrm{d}} \tag{3-44}$$

径向基核函数：

$$K(x_i, x_j) = \exp\left(-\frac{\| x_i - x_j \|^2}{2\sigma^2}\right) \tag{3-45}$$

Sigmoid 核函数：

$$K(x_i, x_j) = \tanh(\beta x_i^{\mathrm{T}} x_j + \theta) \tag{3-46}$$

3.4.2　二分模型

像元二分模型是基于遥感影像估算光合作用植被覆盖度中应用最多的模型，它假定植被区的混合像元仅由植被和土壤两部分组成，它的遥感信息是由植被和土壤的光谱信号以其所占像元面积比例为权重系数的线性组合。

$$S = f_{\mathrm{PV}} S_{\mathrm{PV}} + (1 - f_{\mathrm{PV}}) S_{\mathrm{BS}} \tag{3-47}$$

其中，S、S_{PV}和 S_{BS}分别代表混合像元、光合作用植被端元和裸土端元的遥感信息，f_{PV}即光合作用植被覆盖度。

像元二分模型要求所用的遥感信息必须与光合作用植被覆盖度具有较好的线性关系，因此需要选择最好的表达混合像元、光合作用植被端元和土壤端元的遥感信息。植被指数一般都具有一定的理论基础和实践经验，因而像元二分模型多选用植被指数来代表光合作用植被的光谱信息。目前国内外学者已经研究发展了 RVI、NDVI、DVI、GVI 等几十种植被指数，NDVI 被广泛应用于生态系统、环境科学等研究中。NDVI 是植被生长状态及植被覆盖度的最佳指示因子，且 NDVI 符合像元二分模型的条件，与光合作用植被盖度有良好的相关性。

3.4.3　BP 神经网络

人工神经网络(Artificial Neural Network，ANN)简称神经网络，是受大脑中神经元之间传递信息的启发，在理解大脑的运行机制后，构建出的模拟人脑中神经元传递信息的算法模型。神经网络的结构、神经元之间的连接方式、激活函数和权重共同决定着网络的数据形式。由于其模型结构的优越性和独特性，致使神经网络模型在训练过程中具有很多优点，如良好的非线性处理能力和自适应学习能力等。比较著名的神经网络包括多层感知机、BP 神经网络、自适应线性神经网络等。

BP 神经网络模型由包含不同神经元数量的输入层、一个或多个隐含层和输出层组成，相邻前后两层神经元之间为全连接。其学习过程主要由信号的正向传播与误差的反向传播两个阶段组成。信号正向传播时，从输入层经过隐含层，最后到达输出层；误差的反向传播，从输出层到隐含层，最后到输入层，依次调节隐含层到输出层的权重和偏置，输入层到隐含层的权重和偏置。此过程一直持续到输出层所输出的误差在阈值内，或所设定的学习次数结束。BP 神经网络利用梯度搜索技术，使得网络的输出值与真实值误差均方差达到最小。神经网络结构举例如图 3-19 所示。

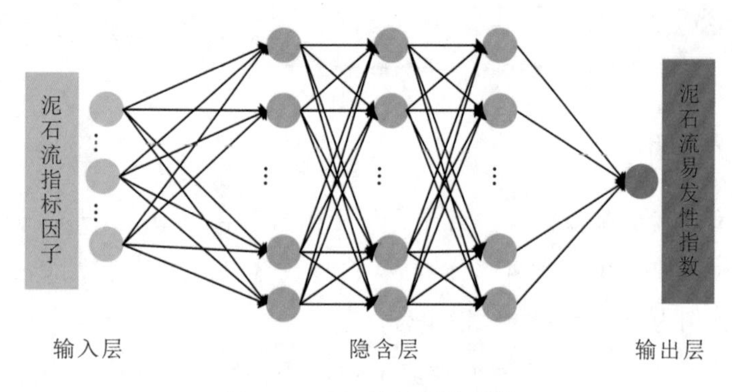

图 3-19　BP 神经网络结构

以单层隐含层的模型为例，假设训练数据集为包含 X 个变量的 M 列样本数据，在 BP 神经网络中输入层神经元数量与输入数据集中的属性个数相同。算法如下：

(1) 定义输入变量为 $X_k=(x_1,x_2,\cdots,x_n)$；目标向量 $M_k=(y_1,y_2,\cdots,y_q)$；隐含层的输入向量为 $S_k=(s_1,s_2,\cdots,s_p)$，输出向量 $T_k=(t_1,t_2,\cdots,t_p)$；输出层的输入向量 $O_k=(o_1,o_2,\cdots,o_q)$，输出向量为 $U_k=(u_1,u_2,\cdots,u_q)$；输入层传入隐含层的权重向量为 $w_{ij}(i=1,2,\cdots,n;j=1,2,\cdots,p)$；隐含层传入输出层权重向量为 $v_{jt}=(j=1,2,\cdots,p;t=1,2,\cdots,p)$；隐含层和输出层的输出阈值分别为 θ_j 和 $\gamma_j(j=1,2,\cdots,p)$；参数 $k=1,2,\cdots,m$。

(2) 为各个权值 w_{ij}、v_{jt} 和阈值 θ_j、γ_j 赋予初始值。

(3) 随机选取所需要的样本：输入样本 $X_k=(x_1,x_2,\cdots,x_n)$，目标样本 $M_k=(y_1,y_2,\cdots,y_q)$。

(4) 计算隐含层各单元输入 s_j，通过激活函数计算隐含层输出 t_j：

$$\begin{aligned} s_j &= \sum_{i=1}^{n} w_{ij}x_i-\theta_j, \quad j=1,2,\cdots,p \\ t_j &= f(s_j), \quad j=1,2,\cdots,p \end{aligned} \tag{3-48}$$

(5) 通过隐含层神经元输出计算输出层的输入向量 O_t，利用传递函数对输出层的输出向量 U_t 进行计算：

$$O_t = \sum_{j=1}^{n} v_{jt} t_j - \gamma_j, \quad t = 1,2,\cdots,q$$

$$U_t = f(O_t), \quad t = 1,2,\cdots,q \tag{3-49}$$

(6) 利用目标向量 M_k 与实际输出 U_t，计算一般误差 d_t：

$$d_t = (y_t - U_t) \cdot U_t(1 - U_t), \quad t = 1,2,\cdots,q \tag{3-50}$$

(7) 使用 v_{jt}、d_t 和隐含层输出向量 t_j 计算隐含层一般误差 e_j：

$$e_j = \left[\sum_{t=1}^{q} d_t \cdot v_{jt}\right] t_j(1 - t_j) \tag{3-51}$$

(8) 通过 d_t 与 t_j 对权值 v_{jt} 和阈值 γ_t 进行调整：

$$v_{jt}(N+1) = v_{jt}(N) + \alpha \cdot d_t t_j \tag{3-52}$$

$$\gamma_t(N+1) = \gamma_t(N) + \alpha \cdot d_t \tag{3-53}$$

$$t = 1,2,\cdots,q; j = 1,2,\cdots,p; 0 < \alpha < 1$$

(9) 用 e_j 和 N_k 调整权值 w_{ij} 和阈值 θ_j：

$$w_{ij}(N+1) = w_{ij}(N) + \beta \cdot e_j x_i \tag{3-54}$$

$$\theta_j(N+1) = \theta_j(N) + \beta \cdot e_j \tag{3-55}$$

$$i = 1,2,\cdots,n; j = 1,2,\cdots,p; 0 < \beta < 1$$

(10) 随机选取下一组训练样本，一直持续到输出层所输出的误差在阈值内，或所设定的学习次数结束。

BP 神经网络具有较强的非线性处理能力，因此能很好地处理同是非线性结构的泥石流数据集，计算出研究所需要的泥石流易发性指数。国内外很多学者将 BP 神经网络应用在泥石流易发性问题中。但是随着相应研究的深入，BP 神经网络也显露出一些局限性。隐含层中神经元数量的确定还没有相应的标准，从数学的角度看，BP 神经网络算法是一种梯度快速下降方法，这就可能出现局部极小值问题，简而言之，就是在学习训练的过程中比较容易出现局部最优解的情况。

3.4.4 卷积神经网络

卷积神经网络(Convolutional Neural Network，CNN)是一种专门用于处理具有网格结构的数据的深度学习模型。凭借独特的局部连接、权值共享以及空间不变性等特点，卷积神经网络被广泛应用于计算机视觉领域。一般而言，除了输入层和输出层之外，CNN 的网络层结构主要由卷积层、池化层、激活函数和全连接层等组成。

1. 卷积层

卷积层是卷积神经网络中的基本组成部分之一，它通过滑动卷积核对输入特征图进行卷积操作,生成一组新的特征图。这些特征图可以有效地提取输入数据中的不同特征,如边缘、颜色、纹理等,并为下一层处理提供有用的信息。因此,卷积层在计算机视觉任务中得到了广泛应用,如图像分类、目标检测等。

卷积层的核心是卷积操作,其具体过程是将卷积核滑动到输入特征图的每个位置,并将卷积核和该位置的像素值相乘并求和,最后将结果放置在新的特征图的对应位置。这一操作可以看作一种局部连接和参数共享的过程,其中卷积核作为一组可学习的参数,可通过反向传播算法进行优化,以最小化神经网络的损失函数。

卷积层的输入是一个包含多个通道的二维矩阵,也称为输入特征图。这些通道可以看作输入数据的不同表示。卷积核也是一个二维矩阵,每个卷积核对应一种特征,如形状、颜色等,通过学习可以提取出不同的特征信息。具体来说以二维卷积为例,卷积操作的公式如下:

$$f_{l+1}(i,j) = f(i,j) \cdot w(i,j) + b = \sum_{x=1}^{f}\sum_{y=1}^{f} f_l(s_0 \cdot i + x, s_0 \cdot j + y) * w(i,j) \tag{3-56}$$

其中,f_{l+1}、f_l 分别表示 $l+1$ 层卷积的输出特征张量和输入特征张量,s_0 表示卷积步长,$w(i,j)$为卷积核。

在卷积操作中,可以通过调整卷积核的大小、步长和填充方式来控制输出特征图的大小。对于一个输入数据大小为 $C_i \times W_i \times H_i$,经过 M 个大小为 $K \times L$ 的卷积核,填充层数为 P、步长为 S 的卷积操作之后,其输出的特征图的大小为 $C_o \times W_o \times H_o$,其具体公式如式(3-57)~(3-59)所示:

$$C_o = M \tag{3-57}$$

$$W_o = \frac{W_i - K + 2P}{S} + 1 \tag{3-58}$$

$$H_o = \frac{H_i - L + 2P}{S} + 1 \tag{3-59}$$

图 3-20 展示了对一个二维张量进行卷积计算的过程,其所用的输入数据尺寸为 5×5,填充大小为 1,填充值为 0,卷积步长设置为 2,当使用大小为 3×3 的卷积核进行卷积操作后,输出数据尺寸缩减至 3×3。

2. 池化层

池化层(Pooling Layer) 是卷积神经网络中的一种常见层次,通常位于两个卷积层之间,用于减少特征图的尺寸和数量。池化操作是池化层的主要实现方式,通过将特征图分割成不重叠的子区域,然后对每个子区域进行聚合操作,得到一个更小的输出特征图。

与卷积操作不同,池化层无须进行复杂的卷积运算。最常用的池化操作有最大池化(Max Pooling)和平均池化(Average Pooling)。最大池化在前向传播时忽略输入区域中小

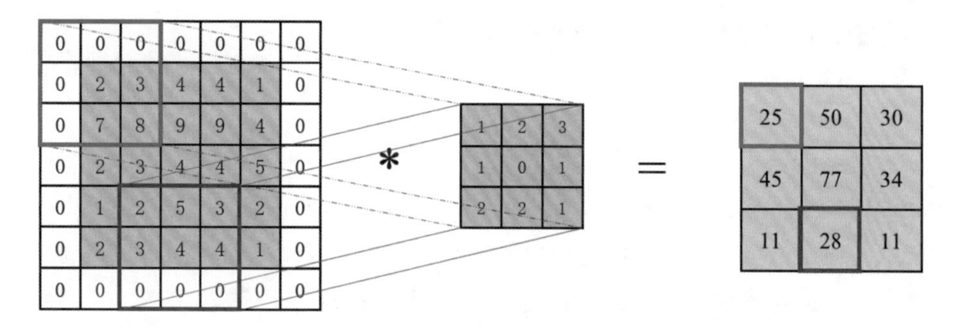

图 3-20　卷积运算过程示意图

于最大值的部分，仅仅输出区域内最大值部分，以减小特征图的尺寸，达到降低计算量和防止过拟合的目的。平均池化则是将输入区域中的数值取平均值作为输出值，可以平滑特征图，同时也可以减少计算量和防止过拟合。池化操作示意图如图 3-21 所示。

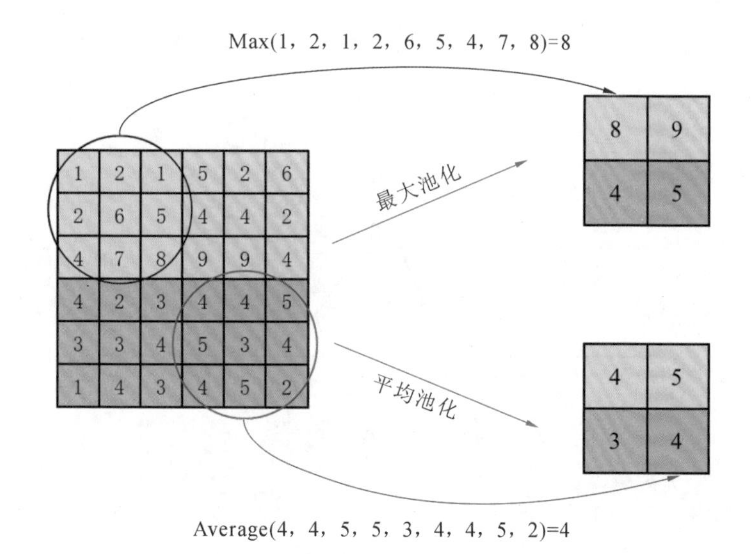

图 3-21　池化运算示意图

3. 激活函数

为了解决卷积神经网络中的非线性问题，通常会在每个卷积层后面添加一个非线性函数，这个非线性函数通常被称为激活函数(Activation Function)。激活函数的输入通常是神经元的加权和，输出是经过非线性变换后的激活状态，激活后的神经网络具有非线性能力，能够有效提升模型的表达能力。目前常用的激活函数包括 Sigmoid 函数、ReLU 函数、Tanh 函数、Leaky ReLU 函数和 Softmax 函数等。

(1) Sigmoid 函数

$$f(z)=\frac{1}{1+\mathrm{e}^{-z}} \tag{3-60}$$

Sigmoid 函数自提出以来被广泛应用于神经网络中，该函数和它的一阶导数图像如图 3-22所示。该函数可以将卷积层的输出值映射到介于 0 和 1 之间的范围。当卷积层输出的值越大，Sigmoid 函数输出的值就越接近 1，反之则越接近 0。正是因为这个特性，它可以将图像中各个类别的概率分布映射到 0～1 之间，便于计算和解释，被广泛用于特征提取和分类任务。然而由于 Sigmoid 函数的一阶导数在 0 和 1 处接近 0，根据反向传播算法的链式法则，这种小的导数会逐层乘积，使得前面层的梯度逐渐变小，导致梯度消失的问题。

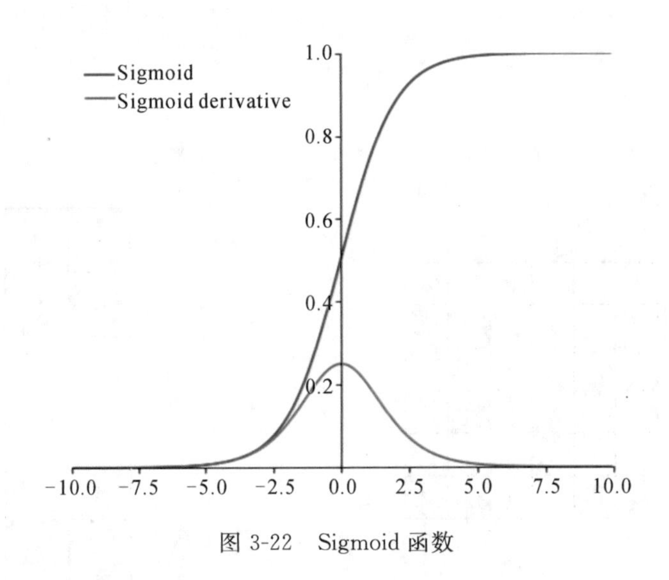

图 3-22　Sigmoid 函数

(2) ReLU 函数

$$R(x)=\max(0,x)=\begin{cases}x & \text{if } x\geqslant 0\\ 0 & \text{if } x<0\end{cases} \tag{3-61}$$

ReLU 函数在卷积神经网络中被广泛应用作为卷积层和全连接层的激活函数，其函数图像如图 3-23 所示。

当 ReLU 函数输入值小于 0 时，其输出值为 0，减少了神经元的激活，降低了网络的复杂性，从而减少了过拟合的现象。当函数输入值大于 0 时，其一阶导数为 1，避免了梯度消失的问题，使得神经网络能够更好地训练。然而，ReLU 函数的输入值为负时，其输出和一阶导数都为 0，在反向传播时无法更新至新的参数，可能丢失一些有用信息。因此也有许多改进

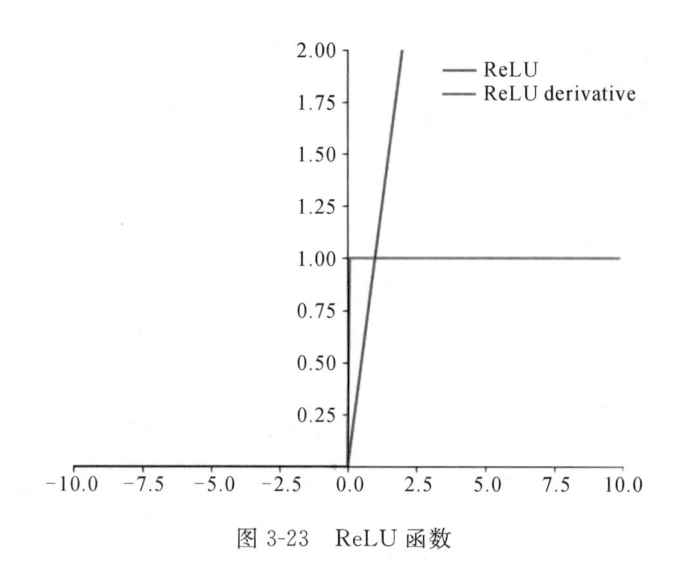

图 3-23　ReLU 函数

的 ReLU 函数被提出，如 LeakyReLU、PReLU、ELU 等，用于克服其缺点并提高模型的性能。

4. 全连接层

在卷积神经网络中，全连接层通常被用于对卷积层输出的特征图进行分类或者回归。在卷积层中，每个神经元只与局部的输入相连，因此无法捕捉全局的特征信息。全连接层则可以将卷积层输出的特征图中的所有特征进行全局连接，从而捕捉更高级别的特征信息。其结构图如图 3-24 所示。

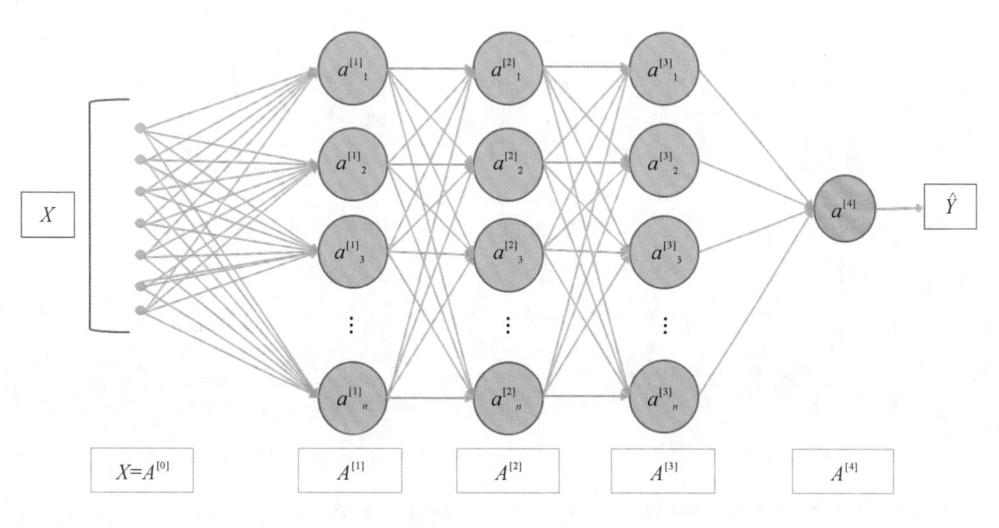

图 3-24　全连接层

在卷积神经网络中，通常将若干个卷积层和池化层堆叠起来，形成一个特征提取器。最后，将特征提取器的输出通过一个或多个全连接层进行分类或回归。

5. 损失函数

损失函数是用来衡量机器学习算法预测值与真实值之间差异的函数。它是在训练过程中用来优化模型的重要组成部分，通过计算预测值与真实值之间的误差来确定模型的参数。在机器学习中，通常会选择一种适当的损失函数来评估模型的性能。常见的损失函数包括均方误差、交叉熵等。

对于类似水体这种地物，在遥感图像语义分割中，常用的损失函数是交叉熵损失函数(Cross-Entropy Loss)。交叉熵损失函数可以有效地处理多类别的分类问题，并且在像素级分类任务中表现优异。

交叉熵损失函数的公式如下：

$$L = \frac{1}{N}\sum_{i} L_i = -\frac{1}{N}\sum_{i}\sum_{c=1}^{M} y_{ic} \cdot \log p_{ic} \tag{3-62}$$

其中，N 为图像中所有像素的数量，y_{ic} 为符号函数(0 或 1)，如果样本 i 的真实类别等于 c 则取 1，反之为 0，p_{ic} 表示观测样本 i 属于类别 c 的预测概率。Cross-Entropy Loss 被证明可以有效地处理多类别的分类问题，并且在像素级分类任务中表现优异。然而当目标像素的数量较少时，模型会侧重于背景的分割，因此一些学者通过加权交叉熵来解决样本不平衡的问题。

$$L = -\sum_{i=1}^{c} w_i y_i \log p_i \tag{3-63}$$

$$w_i = \frac{N - N_i}{N} \tag{3-64}$$

式中，c 为类别数，N 表示像素总个数，N_i 为真值标签类别为 i 的像素个数。

3.4.5 图像语义分割

作为图像解析的基本组成部分，图像分割一直以来都是计算机视觉领域中一个重要的研究方向，按照技术手段可以将其发展过程分为以下两个时期：

传统方法时期：早期的图像语义分割算法主要采用传统的计算机视觉技术，如图像处理、特征提取、聚类等。这些算法通常需要手工设计特征，并且难以处理复杂的场景和变化的光照条件。

深度学习方法时期：随着深度学习技术的发展，CNN 被引入图像语义分割领域。2015 年，全卷积神经网络 (Fully Convolutional Networks for semantic segmentation，FCN)首次将 CNN 应用于图像语义分割，取得了不错的效果。自此以后，U-Net、SegNet、DeepLab 等

一系列基于 CNN 的语义分割算法相继提出，极大地推动了语义分割技术的发展。

1. 经典的语义分割模型

1）FCN

作为深度学习中最具代表性的语义分割模型之一，FCN 引入了全新的思路，开创性地将深度卷积神经网络应用于图像语义分割，开启了图像分割领域的新篇章。FCN 结构如图 3-25 所示，它将用于图像分类的卷积神经网络的全连接层替换为卷积层，从而可以接受任意尺寸的图像输入，此外利用转置卷积对最后一个卷积层输出的特征图进行上采样，完成对图像大小的恢复，同时保留了原始输入图像的空间信息。最后利用 softmax 层对图像进行逐像素的分类，完成对图像的像素级分割。

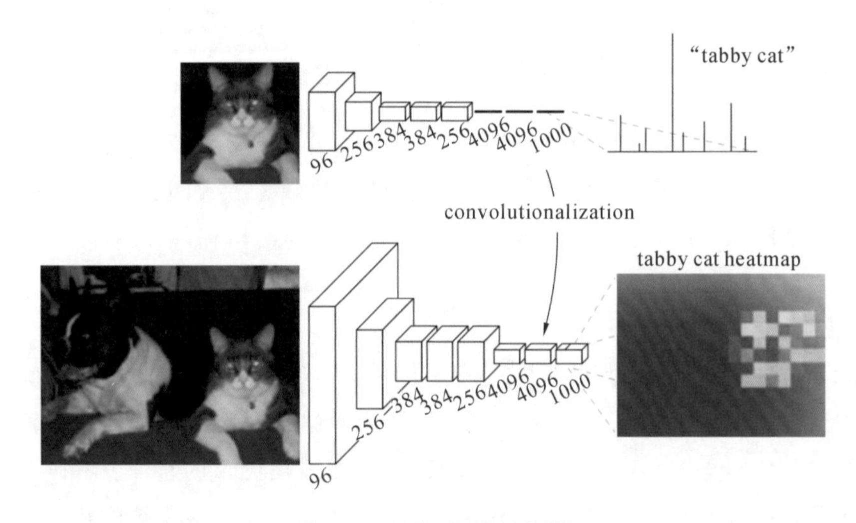

图 3-25　FCN 网络流程图

其原理如图 3-26 所示，原始图像 image 在经过多个卷积和一个池化后输入图像高宽变为原来的 1/2 的特征图 pool1，然后以 pool1 为下一个卷积的输入，pool2 为输出得到图像大小变为 image 的 1/4，以此类推直到生成 pool5 时，特征图的尺寸已经降为 image 图像的 1/32。然后利用转置卷积将不同大小的特征图进行上采样至与输入图像 image 相同大小。按照特征图上采样倍数将模型细分为 FCN-32s、FCN-16s、FCN-8s。

此外，FCN 在上采样时为了增加对图像空间信息的利用，通常会使用融合不同语义特征的方式进行优化。具体来说，先将深层的语义特征上采样以得到与浅层特征相同分辨率的特征图，而后再进行叠加融合，最后再进行一次上采样，使图像恢复到与输入尺寸相同大小。

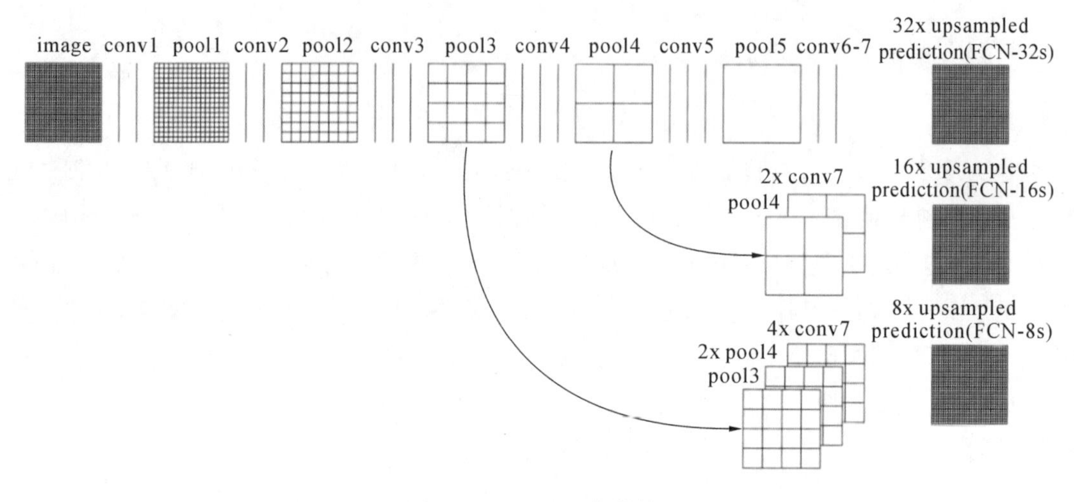

图 3-26　FCN 网络结构

FCN 模型在图像语义分割领域已经取得了显著的成就，是后来许多语义分割网络模型的基础。虽然 FCN 取得了比较好的效果，但其预测结果缺乏像素间关系的考虑，因此无法完全准确地分割图像。然而，FCN 作为图像语义分割方面的里程碑性工作，其重要性不可忽视。

2）SegNet

SegNet 作为一种编码器-解码器（Encoder-Decoder）结构的语义分割网络，其在图像分割领域有着重要的作用。如图 3-27 所示，SegNet 的网络结构由编码器和解码器两部分组成。编码器部分采用与 VGG16 相似的卷积层，可以提取出图像的特征。解码器部分则使用转置卷积层来进行上采样，并结合编码器的特征图进行分割。与传统的转置卷积网络相比，SegNet 的转置卷积层具有特定的权重共享和最大值池化层，从而在减少参数量的同时，提高了图像分割的精度。此外，SegNet 还可以通过在编码器和解码器之间加入池化层的索引，对网络进行精细的调整。这种索引可以记录池化层中每个最大值点的位置，然后在解码器中使用这些索引来提高上采样的精度。由于不需要学习上采样的参数，SegNet 参数量要小于 FCN 网络，使得语义分割在性能和运行速度之间取得了较好的平衡。

3）PSPNet 网络模型

PSPNet(Pyramid Scene Parsing Network)是一种用于场景解析的深度学习神经网络模型，可以实现高精度的像素级别的语义分割。PSPNet 主要由四个模块组成：Pyramid Pooling 模块、卷积模块、解码模块和全局池化层。

Pyramid Pooling 模块是 PSPNet 的核心，它通过不同大小的池化层来提取不同的感受野，然后将这些池化层的输出进行级联和插值，得到一个固定大小的特征表示。这个特征表

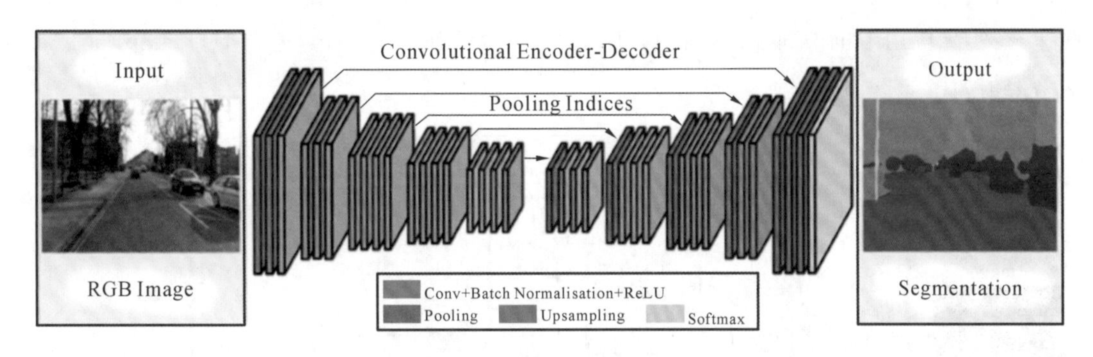

图 3-27　SegNet 网络结构

示包含了不同尺度下的上下文信息,可以有效地提高模型的语义理解能力和分割准确度。卷积模块用于提取图像的局部特征。解码模块利用上采样和卷积操作将经过池化和卷积模块处理后的特征图恢复到原始图像的大小,从而获得像素级别的语义分割结果。全局池化层用于压缩特征图的维度,减少模型参数的数量,提高模型的计算效率。PSPNet 网络结构图如图 3-28 所示。

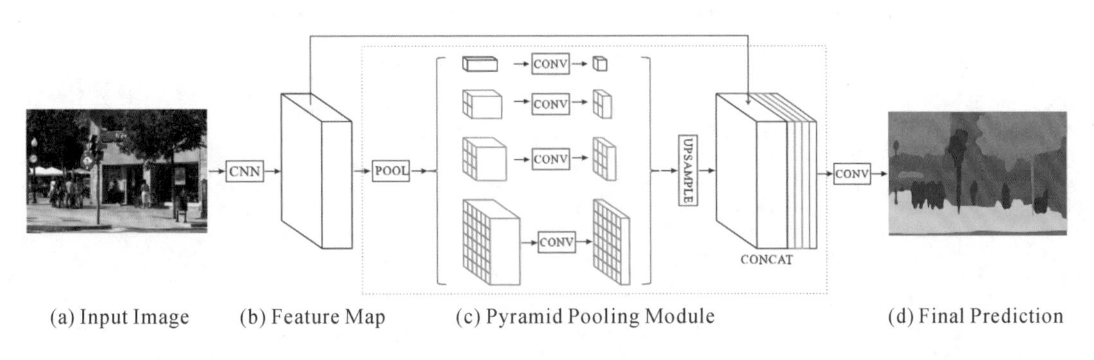

图 3-28　PSPNet 网络结构

4) DeepLabV3＋

DeepLabV3＋是一种基于深度学习的图像分割模型,其目标是对输入图像中的每个像素进行分类,将其分为不同的语义类别。该模型是 DeepLab 系列模型的最新版本,相较于前几个版本具有更高的准确性和更快的速度。

DeepLabV3＋模型采用了一种称为空洞卷积(Dilated Convolution)的卷积操作,它可以在保持感受野大小的同时扩大卷积核的有效视野,从而更好地捕捉输入图像中的上下文信息。此外,该模型还使用了一种多尺度金字塔池化(ASPP)技术,可以在多个尺度上进行卷积和池化操作,以更好地捕捉输入图像中的细节和语义信息。该模型在许多图像分割任务中都取得了非常优秀的结果，比如人物分割、道路分割、建筑物分割等。由于其高准确性和快速，在实际应用中也得到了广泛的应用，比如自动驾驶、医学图像分析等。DeepLabV3+网络架构如图 3-29 所示。

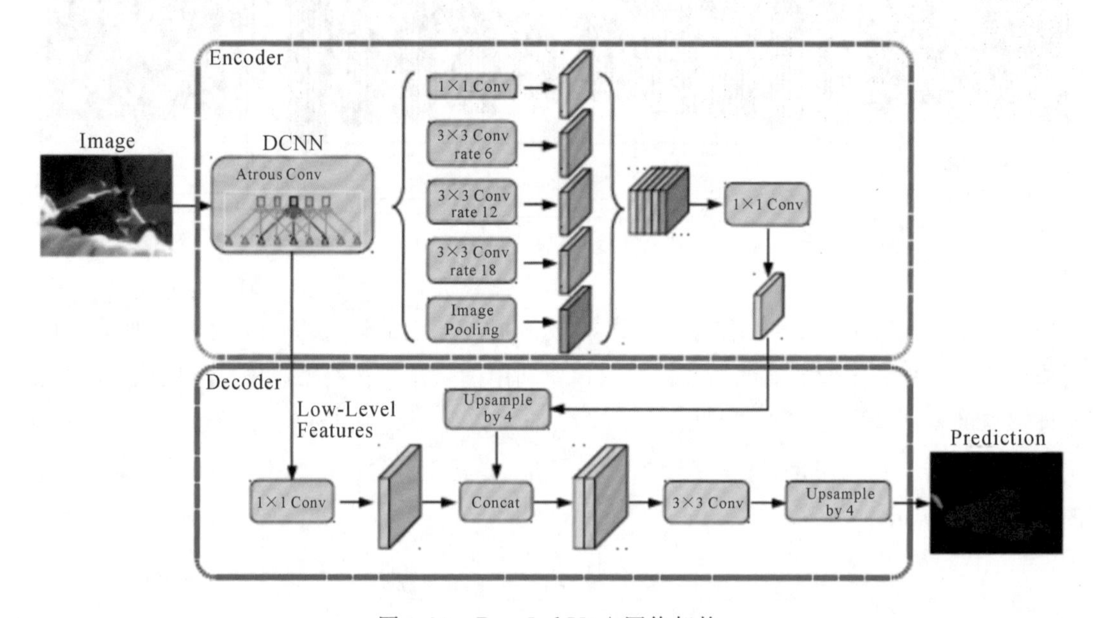

图 3-29 DeepLabV3+网络架构

第4章 多源遥感在土地利用变化监测中的应用研究

4.1 实验区域

马金铺街道，隶属于云南省昆明市呈贡区，地处呈贡区南部，东邻玉溪市澄江市，南与晋宁县晋城镇接壤，西接大渔街道，北与吴家营街道、雨花街道相连，距呈贡区人民政府12千米，总面积为104.82平方千米。马金铺街道地处高原滇池盆地，地势东高西低；属云贵高原中山地形、缓坡丘陵地貌，主要山脉为梁王山；境内最高点位于梁王山主峰，海拔2820米；最低点位于中卫红山自然村，海拔1910米。马金铺街道属高原季风气候，其特点是气候温和，冬无严寒、干湿分明、四季如春；多年平均气温14.7℃，极端最高气温31.2℃，极端最低气温−8.1℃；年平均日照时数2200小时，无霜期年平均285天，平均风速2.2米/秒，相对湿度73%；年平均降水量1000毫米，降雨集中在每年5—10月。马金铺街道境内河道属长江水系，主要河道有梁王河、南冲河2条，梁王河流经庄子、小营、大营、化城、马金铺5个社区，过境长度6.5千米；南冲河流经小营、林塘、白云、高登、中卫5个社区，过境长度8.5千米。研究区位置如图4-1所示。

图 4-1 研究区 2020 年 WorldView2 高分辨率光学影像

4.2 研究方法和数据

4.2.1 研究方法

1. 遥感数据预处理

数据的预处理流程顺序：辐射定标—大气校正—几何校正—正射校正。由于获取的数据已经进行过几何校正和正射校正，本研究中辐射定标、大气校正是图像预处理的几个主要内容，同时还可以根据需要进行图像融合。

辐射定标：由于卫星传感器本身存在误差（传感器灵敏度、探测器灵敏度等），为了消除传感器本身的误差，获取的 Sentinel-1A 卫星遥感影像需要进行辐射定标处理。定义：为了估算辐射率，必须将 DN(Digital Number)值转化为物理量，这是遥感定量化的前提（大气校正的准备工作），辐射定标即为建立 DN 值与其对应视场中辐射亮度值或者反射率之间的定量关系。消除传感器本身的误差，确定传感器入口处的准确辐射值，将遥感图像的 DN 值转换为地表反射率、地表辐射率、地表温度等。

大气校正：由于太阳辐射受地形、太阳高度角、传感器本身等因素的影响，辐射定标所得到的辐射亮度值并不能完全地反映地表的真实反射率，需要将卫星传感器获取的原始影像中包含物体特征的信息提取出来，消除主要干扰因素，从而获取反射率的真实数据以及可用的光谱属性数据。如果需要计算光谱指数，通常用地表反射率计算，结果会更加精确，尤其是对高光谱传感器数据做处理。大气校正在数据预处理环节中是很重要的，有一些植被指数如 NDVI，大气对该指数的影响比对其他光谱指数更为敏感，那么计算 NDVI 之类受大气影响大的指数，就需要做大气校正。

影像融合：不同的传感器获取的影像信息不同，丰富的信息杂糅在一起，往往会有冗余信息，图像融合则是将多种来源的图像进行信息提取，对有效信息进行筛选，得到更为清晰、符合现实的影像。遥感影像融合的价值是：利用冗余的信息消除矛盾数据，再剔除不同来源的图像数据之间的重复信息，形成空缺互补，减少数据中的不确定部分，降低了模糊性，提高了图像解译的精确度和可靠性。全色影像空间分辨率高，能清晰地反映地物的空间信息，但无光谱分辨率，只保留了一个波段的数据，显示为黑白影像；多光谱影像提取了地物辐射的多个波段信息，光谱分辨率高，对不同波段分别赋予 RGB 可得到彩色图像。光谱分辨率和空间分辨率是相互制约的，而图像融合保留了全色影像的空间分辨率，又有着多光谱影像的高光谱分辨率，综合了两种影像的优势，增加了图像的有用信息、增强了图像显示效果、强化了特征（如边界、分界线等）提取能力，有利于目标地物的动态监测。影像融合的方法多种多样，按照融合的水平来划分，可分为像素级、特征级和决策级的融合。像素级融合算法是最底层的融合，细节丰富，但计算量大、处理数据过程复杂，主要有线性加权法、HIS 变换和 PCA 变换等；特征级融合算法介于像素级和决策级之间，既能保留更为丰富的信息，又实现了信息的压缩，提高了运算速度，包括聚类分析法、Dempster-shafer 法和加权平均法等；决策级融合方法处于融合的最高层次，具有较高抽象性，对数据的同质性要求低，能够实时快速地处理数据，但处理前需要进行预处理和决策分析，处理周期长，信息易丢失，主要有贝叶斯估计法、神经网络法和模糊集理论法；一般来说，像素级融合方法得到的影像细节最为丰富，是使用最多的方法。

2. 遥感影像分类

1）选取训练样本

训练样本的可靠性一直是困扰以监督分类为核心的各种分类方法的关键问题，训练样本的选择往往影响着分类结果的可靠性。因此，本研究采用 WorldView2 影像与 Sentinel-2 影像相结合的方法，利用 WorldView2 的高空间分辨率优势和 Sentinel-2 丰富的光谱信息，以保证训练样本的准确性。

2）监督分类

监督分类的基本原理是基于训练样本的数据像元值相似度，利用已知像元判断未知地物所属类别。监督分类是一种自顶向下的知识驱动方法，即先根据经验和实地勘察结果对遥感影像进行目视解译，作为先验知识判断训练样本数据，进而实现影像地物信息的有效提取。监督分类适用于对地物种类已知、微地貌、破碎、地物类差异较小、影像上可以选择的训练场地多，受物候特征影响不太大的区域等进行分类。它是在分类之前通过目视判读和野外调查，对遥感图像上某些样区中影像地物的类别属性有了先验知识，对每一种类别选取一定数量的训练样本，用计算机计算每种训练样区的统计或其他信息，同时用这些种子类别对判决函数进行训练，使其符合对各种子类别分类的要求，随后用训练好的判决函数对其他待分数据进行分类，使每个像元和训练样本作比较，按不同的规则将其划分到和其最相似的样本类，以此完成对整个图像的分类。本次研究采取三种方法进行监督分类：

（1）最大似然

最大似然分类(maximum likelihood classification)：通过利用训练区地物的多光谱数据和特征值函数，计算最大值并判断出地物的归属分类，精度较高、在土地利用分类中应用比较广泛，又叫贝叶斯分类(Bayes classification)。假设有两个事件 A、B，我们通过先验知识，知道在 A 发生的条件下，X 也发生的概率是 $P(X|A)$；在 B 发生的条件下，X 也发生的概率是 $P(X|B)$。判断这个事件 X 是在 A 条件下、还是在 B 条件下发生的可能性大呢？也就是要求出 $P(A|X)$ 和 $P(B|X)$ 哪一个大，求概率 $P(A|B)$。贝叶斯公式：

$$P(A \mid B) = P(B \mid A) * P(A)/P(B)。$$

（2）神经网络

神经网络目前已经在遥感技术的很多领域中得到应用。神经网络是一种起源于 20 世纪 50 年代的监督式机器学习模型，目前神经网络有两大主要类型，它们都是前馈神经网络：卷积神经网络(CNN)和循环神经网络(RNN)。虽然神经网络分类法的抗干扰和适应性比较理想，但其算法训练成本很高，随着计算机技术的进步和大数据时代运算能力的增强，一旦满足对有效数据和计算资源的严苛要求神经网络可以获得理想的分类效果。

（3）支持向量机(SVM)

支持向量机(SVM)是一种建立在统计学习理论(Statistical Learning Theory，SLT)基础上的机器学习方法。SVM 可以自动寻找那些对分类有较大区分能力的支持向量，由此构造出分类器，可以将类与类之间的间隔最大化，因而有较好的推广性和较高的分类准确率。

3）基于样本的面向对象分类

随着高分辨率影像的广泛应用，人们提出了一种新型的智能化分类方法——面向对象的遥感影像分类。面向对象遥感地物分类，能够利用几何特征和纹理特征来弥补光谱特征的不足。面向对象的影像分析综合利用影像的纹理特征、几何特征、光谱特征等进行分类，效果明显好于单纯基于光谱信息特征的方法。面向对象的遥感影像地物覆盖分类主要分为两个关键步骤：①影像分割，利用分割后的影像对象作为替代像素分类的最小单元；②利用光谱特征、几何特征和纹理特征，对分割的对象进行预测分类。接下来分别对这两个步骤进行分析。

影像分割通常分为三大类：①基于阈值的分割算法；②边缘检测分割算法；③区域生长分割算法。阈值分割算法的主要工作就是设定阈值，根据影像光谱信息的灰度值和设定的阈值进行比较，然后划分为不同的区间，阈值的设定往往是最为关键的步骤，设定的好坏直接决定分割效果。最大类间方差法是经典的阈值分割算法，主要是利用影像的灰度直方图，以分割目标与背景的方差最大动态确定分割阈值。边缘检测分割算法的基本思路是先确认影像中的边缘像素，然后把这些边缘像素连接起来构成区域边界，进而实现对影像的分割。影像中相邻区域之间的像素集合构成了影像边界，即影像灰度发生空间突变的像素的集合，影像边缘一般包含方向和幅度两个要素，一般沿着影像边缘的走向，其像素值变化幅度较为平缓，垂直于边缘的走向，其像素值变化幅度较为明显，所以可以根据这一变化特点，采用一阶导数和二阶导数检测边缘。通常导数可以通过微分算子来实现，常用的一阶微分算子有 Roberts、Sobel 等算子，常用的二阶导数有 LoG 等算子。在实际操作中常用模板矩阵与图像像素矩阵卷积来实现微分运算，由于垂直于边缘的走向一般都是高频分量，因此不适合直接采用微分运算，Canny 算子是高斯函数的一阶导数，其先对影像进行平滑滤波，然后再用微分算法进行卷积操作，在抑制噪声和检测边缘之间取得了较好的平衡。基于区域生长的影像分割算法，基本思想是将具有相似准则的像素合并起来构成区域，主要步骤是在需要分割的区域寻觅一个种子像素作为生长起点。然后根据一定的判定规则，对种子周围相似的像素进行判别，对相似度较高的像素进行合并，逐渐实现对影像的分割。其中较为关键的步骤是种子的选取和相似区域判定准则的确定，种子的选取可以是人工选择，也可以是一些方法自动选取，相似区域判定准则一般是像素差值小于某一个阈值。不同的判定策略往往产生不同的分割效果。

4）分类后处理

监督分类和决策树分类等分类方法得到的一般是初步结果，难以达到最终的应用目的。因此，需要对初步的分类结果进行一些处理，才能得到满足需求的分类结果，这些处理过程通常称为分类后处理。常用分类后处理包括：更改分类颜色、小斑块去除（Majority/Minority 分析、聚类处理(Clump)和过滤处理(Sieve)）、分类统计分析、栅矢转换等。

3. 遥感影像土地利用变化检测

1）直接变化检测

Sentinel-2 包含 12 个波段，其中包含 3 个红边波段、2 个近红外波段和 2 个中红外波段，对植被、水体等信息较为敏感。所以在本次实验中，根据数据波段特征，采用 NDVI、NDBI 和 MNDWI 等特征指数对研究区域 2019 年和 2020 年进行直接变化检测。

2）分类后变化检测

在本次实验中，采用逻辑神经网络对 Sentinel-2 进行分类。具体分类过程如下：

（1）根据 WorldView 数据确定试验区地表覆盖类型并选定分类训练样本；

（2）设定误差指定值 RMS、迭代次数、活化函数等相关参数；

（3）对分类结果进行聚类处理；

（4）依据分类结果计算研究区土地覆盖变化转移矩阵。

4.2.2 研究数据

本次土地利用变化检测研究分析采用哨兵 2 号（Sentinel-2）卫星数据。Sentinel-2 是欧洲空间局哥白尼计划下的一个地球观测任务，该任务主要对地球表面进行观测以提供相关遥测服务，例如森林监测、土地覆盖变化侦测、天然灾害管理等。该计划是由 2 颗相同的卫星哨兵 2 号 A（Sentinel-2A）与 B（Sentinel-2B）组成的卫星群执行。本次数据处理以云南省昆明市马金铺为研究区，影像成像如图 4-2 所示。

2018 年哨兵影像

2019 年哨兵影像

2020 年哨兵影像

图 4-2 研究区 2018 年、2019 年、2020 年哨兵（Sentinel-2）影像

4.3 结果分析

4.3.1 分类结果综合分析

精度评价对于判断遥感影像的分类精度是至关重要的。通过评估结果，我们能够知晓对研究区域使用的分类方法是否适合，对影像进行的某类信息提取是否准确。现有的评价方法一般可以分为两种：目视判读比较和较科学较专业的精度评价，精度评价包含传统精度评价和基于模糊概念的评价，传统精度评价主要是以特定的指标来判定评价精度，常用的分类精度评价指标包含 Kappa 系数、制图精度（Prod. Acc）、用户精度（User. Acc）、混淆矩阵（Confusion Errors of omission）和总体分类精度（Overall Accuracy）。本次研究采用以下几种精度验证方法。

1. 总体分类精度

总体分类精度指正确分类的像元总和除以总像元数。被正确分类的像元数目沿着混淆矩阵的对角线分布，总像元数等于所有真实参考源的像元总数。

2. Kappa 系数

该系数最早由 Cohen 提出，一般用来评价遥感图像分类的正确程度和分析两个图像的相似性。通常当 Kappa 系数大于等于 0.75 时，证明两个对比图像相似度比较高，差异小；当 Kappa 系数大于等于 0.4 小于等于 0.75 时，证明两个图像差异比较大；当 Kappa 系数小于等于 0.4 时，证明两个图像差异大，分类精度低。监督分类方法及基于样本的面向对象分类的研究区 2018 年、2019 年、2020 年影像分类精度见表 4-1、表 4-2。

表 4-1　监督分类精度结果表

时期	分类方法	Overall Accuracy（总体精度）	Kappa 系数
2018 年	最大似然法	93.9403%	0.9265
	神经网络法	96.0110%	0.9511
	支持向量机（SVM）法	94.3666%	0.9310

续表

时期	分类方法	Overall Accuracy(总体精度)	Kappa 系数
2019 年	最大似然法	98.2176%	0.9786
	神经网络法	96.8210%	0.9617
	支持向量机(SVM)法	91.8196%	0.9016
2020 年	最大似然法	90.6643%	0.8834
	神经网络法	88.7939%	0.8605
	支持向量机(SVM)法	92.8975%	0.9090

表 4-2　基于样本的面向对象分类精度结果表

时期	Overall Accuracy(总体精度)	Kappa 系数
2018 年	98.4458%	0.9810
2019 年	96.2740%	0.9555
2020 年	94.5457%	0.9341

三种分类方法的分类结果见图 4-3～图 4-6：

图 4-3　研究区 2018 年、2019 年、2020 年最大似然分类法分类结果(1)

图 4-3　研究区 2018 年、2019 年、2020 年最大似然分类法分类结果(2)

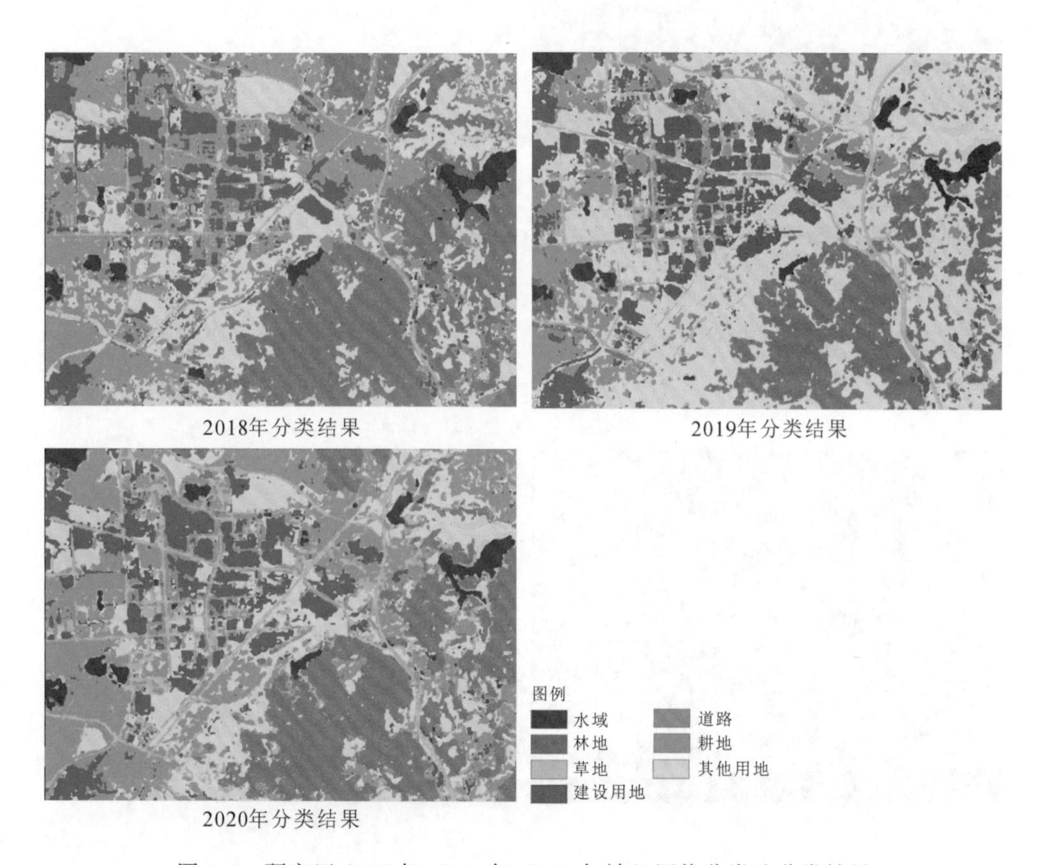

图 4-4　研究区 2018 年、2019 年、2020 年神经网络分类法分类结果

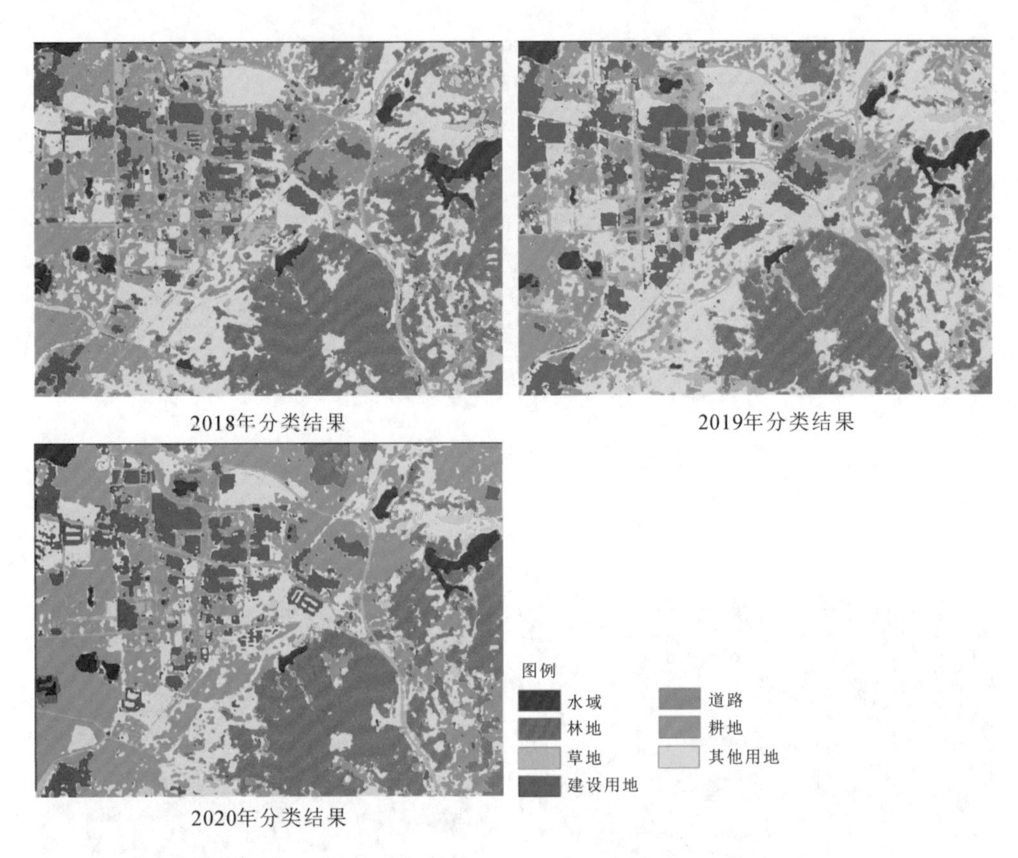

图 4-5　研究区 2018 年、2019 年、2020 年支持向量机(SVM)分类法分类结果

图 4-6　研究区 2018 年、2019 年、2020 年基于样本的面向对象分类法分类结果(1)

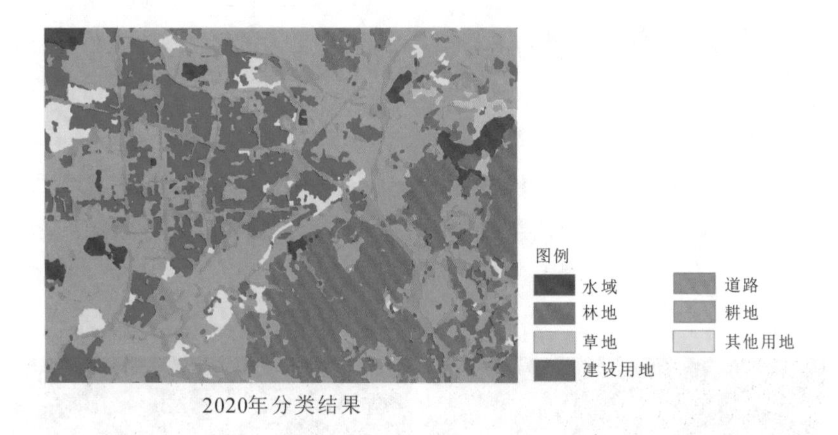

图 4-6　研究区 2018 年、2019 年、2020 年基于样本的面向对象分类法分类结果(2)

4.3.2　变化监测

在图 4-7 中，蓝色斑块为特征指数增加区域，红色斑块为特征指数减少区域。由于不同地物在波谱中的响应特征不同，根据不同特征指数计算所得的变化监测结果存在一定差异。结合不同特征指数监测结果，可以快速监测出目标区域内不同地物的变化情况。通过分析发现，基于 NDVI 的变化监测对叶绿素变化较为敏感；基于 MNDWI 的变化监测对地表含水量和水体透明度变化较为敏感；基于 NDBI 的变化监测对地表反射率变化较为敏感，三种变化监测结果基本一致。

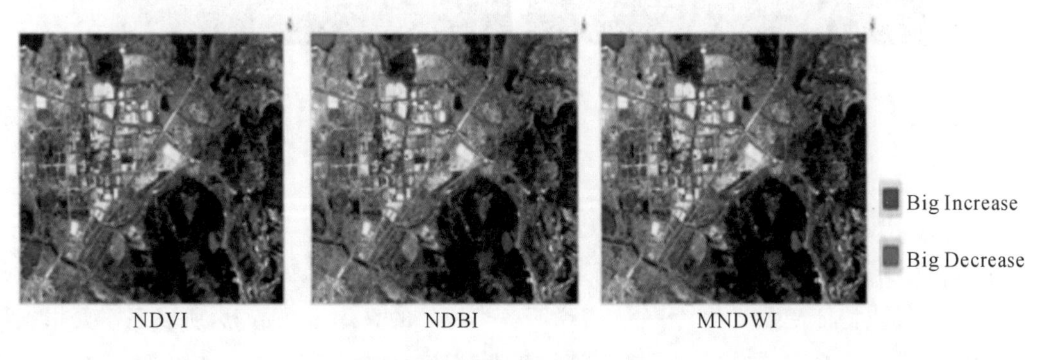

图 4-7　研究区变化监测结果

由于 Sentinel-2 数据包含丰富的红边/近红外波段光谱信息，对植被和水体信息较为敏感，因此在本次实验中，基于 NDVI 和 MNDWI 的变化监测结果较好，不仅能较好地提取研究区域地物变化情况，还能反映目标区域水体水质变化情况。

图 4-8 为变化监测结果中部分变化区域，可以看到基于光谱特征指数的直接变化监测可以准确监测出一定时间段内地表光谱特征指数发生变化的区域，从而获取土地利用变化区域具体位置，为有关部门进行违规违法占地执法提供了技术支撑和数据依据。但在监测中也存在结果受地物反射率、太阳入射角以及特征指数对复杂地物不敏感等因素影响，存在一定漏检问题。此外，直接变化监测只获取地表像元特征指数变化信息，读者无法从中获取具体地物变化情况。因此，直接变化监测作为遥感影像土地利用变化监测手段中的一种，存在一定的局限性，应补充其他监测手段进行相互验证。

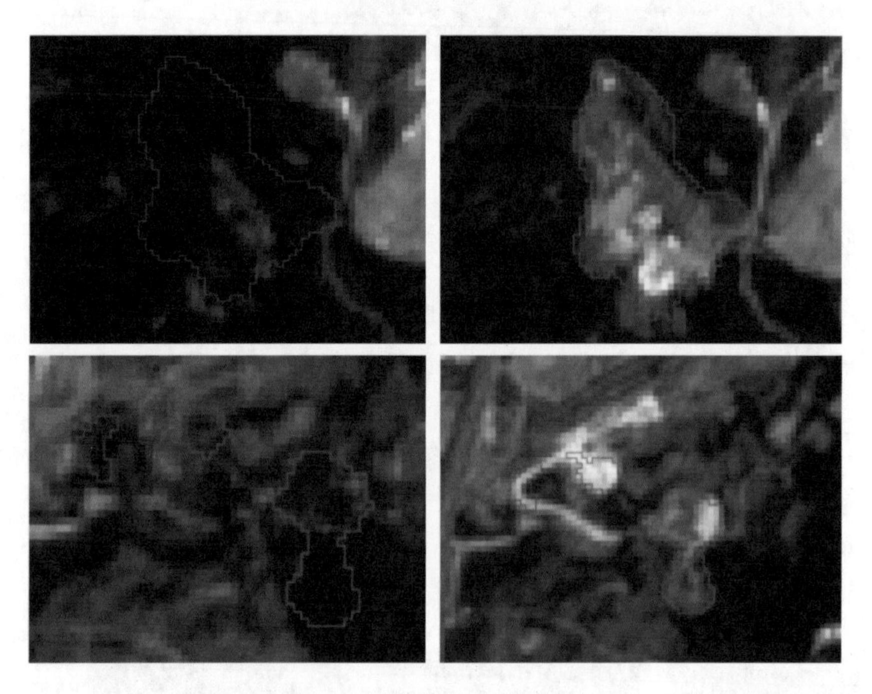

图 4-8　具体变化区域(部分)

4.3.3　分类后变化监测结果分析

直接变化监测虽能较便捷直观地描述研究区域各类地块的增减变化情况。但由于其只计算单一波段或特征函数变化，无法直观说明各类地物的具体增减情况，所以还需要根据数据光谱信息及像元灰度值对研究区影像进行分类，根据分类结果计算土地覆盖转移矩阵，获取实验区域 2019—2020 年各类地物详细变化信息。

根据图 4-9 可大致确定研究区土地覆盖类型发生变化区域的具体位置：除城镇内部变化外，主要变化区域集中在影像右上角。通过土地利用变化转移矩阵可知(表 4-3)，研究区 2019—2020 年变化较大的土地类型为耕地、林地和其他用地。通过 WorldView2 影像分析

可知，2019—2020 年研究区域内存在的林地转为建设用地，其他用地转为建筑、林地等情况与分类结果一致。

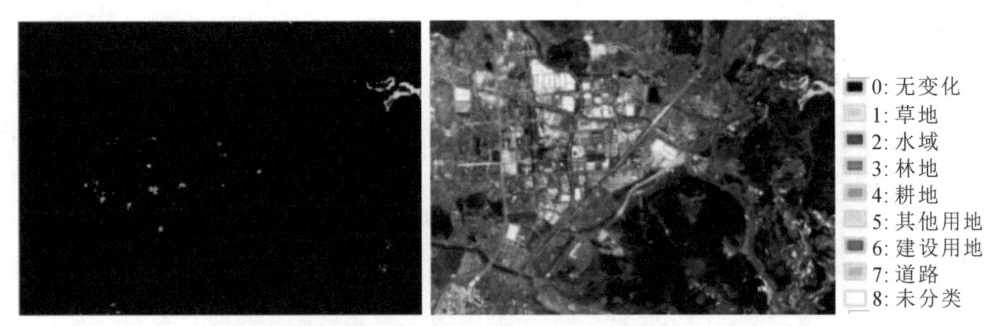

(左：监测结果；右：影像叠加后具体位置)

图 4-9　基于神经网络分类后变化监测结果

表 4-3　2019—2020 年土地覆盖转移矩阵

面积/m²									
	草地	水域	林地	耕地	其他用地	建设用地	道路	Row Total	Class Total
未分类	0	0	0	0	0	0	0	0	255400
草地	59800	1200	144200	131400	267600	3900	387900	996000	996000
水域	0	954400	43000	7200	19200	0	47900	1071700	1071700
林地	0	55500	6251100	29600	871800	700	538400	7747100	7747100
耕地	20800	26700	334900	6537900	2313900	597500	1587800	11419500	11419500
其他用地	181500	7100	47100	1056400	4728800	387100	392600	6800600	6800600
建设用地	15900	0	11800	744900	785200	5433800	214100	7205700	7205700
道路	2600	33200	11200	889700	401600	1426400	1665100	4429800	4429800
Class Total	280600	1078100	6843300	9397100	9388100	7849400	4833800	0	0
Class Changes	220800	123700	592200	2859200	4659300	2415600	3168700	0	0
Image Difference	715400	−6400	903800	2022400	−2587500	−643700	−404000	0	0

4.4 小　结

本次研究以昆明市马金铺地区为研究对象，研究采用最大似然分类法、神经网络分类法、支持向量机(SVM)分类法和基于样本的面向对象分类法，利用 Sentinel-1A 遥感影像数据对昆明市马金铺区域的土地利用类型分别进行分类试验和提取研究，同时将研究过程中涉及的主要内容例如数据预处理、训练样本和验证样本的选取与采集、分类过程的关键参数选取及获得土地利用分类结果后进行对比与分析等进行了验证与阐述，实验研究结论如下：

(1) 在研究区的土地利用信息提取时，经过对分类数据的总体比对，基于样本的面向对象分类得到的分类结果综合精度最高，是一种有效的土地利用分类信息精细识别方法，具有精度高和可信度高的优势，可满足自然资源调查、变化监测等一系列运用的需求。神经网络分类方法综合精度在监督分类的三种算法中最高，与其他两种算法相比，神经网络法对同物异谱、同谱异物的识别精度也相对较高。主要原因是神经网络分类的分类规则是基于人工选择的，能够客观全面地考虑各种影响因素。从三种算法中各类地物精度分析结果得出，神经网络不是对每类地物都能获得最高精度，比如道路。神经网络分类结果中同样也有很多错分误分的像元存在，在神经网络的训练和特征值方面有待继续优化。神经网络运算过程复杂、耗时长、计算机配置需求高，实时性方面不如其他几种算法。从算法的易用性来看，最大似然法运算速度和计算机算力需求较低，获取比较快捷。综上所述，精度高也分情况，对不同的研究区，应该多做实验找到最适合的分类方法。

基于实验分析，面向对象分类方法不依赖于单独的影像特征，综合利用了影像的空间特征、几何特征、纹理信息和上下文关系等属性，大大提升了高分辨率影像的信息利用度，提升了地物分类的精度。传统影像的信息提取方法主要根据地物的光谱特征，获得的信息有限，不能充分利用高分辨率影像中的空间结构信息、纹理特征、几何形状及对象之间的拓扑关系和上下文信息等，分类结果易出现“异物同谱”或“同物异谱”现象。为了快速有效地识别和提取高分辨率影像的信息，采用面向对象分类技术，将影像分割成独立的研究对象，根据不同地物的最优尺度提取信息，保证了地物信息的完整性。监督分类法虽然简便快捷，但由于分类系统的确定、训练样本的选择等人为因素，以及森林在图像中阴影的影响，导致分类结果不准确，统计的结果会出现一定的误差，不能用于精确统计，如小区域范围的高精度规划，一般用于全局统筹规划。

(2) 在本次研究中，我们利用 Sentinel-2 多光谱数据和 WorldView 高分辨率光学卫星数据相结合，采取了基于特征指数的直接变化监测和基于逻辑神经网络的监督分类变化监测对研究区进行研究。展示了高分辨率光学遥感卫星数据与影像应用于土地覆盖变化监测中的可靠性和处理效率，减少了遥感影像变化监测中现场验证的工作量。

此外，在本次研究中我们也发现了一些局限。例如，单一特征指数在变化监测中往往无法准确监测出个别地类的变化(如裸地—建设用地，耕地—草地)，后续应考虑引入加权组合模型，对不同特征指数赋权后训练计算机进行变化监测；在神经网络分类中，存在部分地类过拟合现象，经过分析后认为该问题主要受训练样本选择的影响，后续应考虑引入随机样本或建立标准训练样本库，以减小由于样本选择引入的误差。此外由于此次实验数据仅包含 Sentinel-2 多光谱数据和 WorldView2 分辨率光学影像，数据源较少，建议在今后的工作中加入雷达遥感数据和无人机影像数据参与监测，以提高变化监测结果的可靠性。

通过对昆明市郊马金铺片区不同时间段遥感影像进行土地覆盖自动化解译分类方法的探讨和土地利用变化监测的研究，证明遥感技术在城市土地空间管理中具有较大应用价值。尽管目前城市土地空间管理依然无法摆脱野外验证和调查工作，但随着遥感应用技术的发展，其所具备的大面积同步观测、多时相对比分析等优势使其已逐步成为城市土地管理的主要手段。

第5章
多源遥感在昆明城市沉降状态监测中的应用研究

5.1 实验区域

昆明市城镇群位于中国西南昆明盆地内的高原湖泊滇池湖滨。区域地质构造演化复杂，属于地震断层陷落型区，区内断裂发育，地壳稳定性差。受区域整体性隆升而湖泊及周边持续沉降的高原湖泊特性影响，昆明城镇群表现出的沉降特征较复杂，显现出其沉降机理的多诱因性与多源性。城市地区地表的空间变化往往导致城市基础设施破坏，如建筑物、机场、地铁和其他地下设施等。地质自身因素引起的地面沉降是地表岩层受到重力的作用从疏松到紧密的过程或是由地质构造、地震等引起的。近年来，市域内有着较明显的沉降现象，经过大范围筛查，选取了沉降较为明显的几处作为实验区域，分别为：河尾村、六甲、小板桥、机场、晋宁地区、滇池及其沿线周边地表区域。

本次实验采用多源遥感技术对实验区进行形变监测，旨在通过对实验区监测结果的分析，判断实验区域内的沉降情况，并对一些可能存在隐患的区域进行时序分析，进一步确认区域内的地表形变情况，为减少城市地质灾害和城市经济建设提供有力的保障。

5.2 实验数据和方法

5.2.1 实验数据

本次实验内容包括两部分：第一部分是城市沉降长时序研究与分析，第二部分是城市重点沉降区短时序研究与分析。

针对城市沉降长时序研究分析，采用 SBAS-InSAR 和 PS-InSAR 技术获取的卫星监测数据、长时序水准测量数据。

针对城市重点沉降区短时序研究分析，采用哨兵 1 号（Sentinel-1A）卫星数据。Sentinel-1A 是欧洲航天局哥白尼全球对地观测项目研制的首颗卫星，它具有全天时、全天候的特点。Sentinel-1A 卫星以 C 波段为运行波段，具有双极化且重访周期短的优势，其轨道高度约为 700km，重访周期可达 12 天，可实现全球高分辨率监测，也能完成同一地区的长时间序列监测。本次数据处理是为了获得位于云南省昆明市河尾村、小板桥及周边等地的形变规律，实验选取 IW 模式 SLC 数据，极化方式为 VV，影像成像日期如表 5-1 所示。

表 5-1　Sentinel-1A 降轨影像成像日期

2019.01.04	2019.01.16	2019.01.28	2019.02.09	2019.02.21	2019.03.05
2019.03.05	2019.03.29	2019.04.10	2019.04.22	2019.05.04	20.19.05.16
2019.05.28	2019.06.09	2019.06.21	2019.07.03	2019.07.15	2019.07.27
2019.08.08	2019.08.20	2019.09.01	2019.09.13	2019.09.25	2019.10.07
2019.10.19	2019.10.31	2019.11.12	2019.11.24	2019.12.06	2019.12.30
2020.01.11	2020.01.23	2020.02.04	2020.02.16	2020.02.28	2020.03.11
2020.03.23	2020.04.04	2020.04.16	2020.04.28	2020.05.10	2020.05.22
2020.06.03	2020.06.15	2020.06.27	2020.07.09	2020.07.21	2020.08.02
2020.08.14	2020.08.26	2020.09.07	2020.09.19	2020.10.01	2020.10.13
2020.10.25	2020.11.06	2020.11.18	2020.11.30	2020.12.12	2020.12.24
2021.01.05	2021.01.17	2021.01.29			

5.2.2　实验方法及步骤

随着雷达卫星遥感技术的发展，多时相星载合成孔径雷达干涉测量（MT-InSAR）使得对地表进行长时间序列全面域的监测成为现实。InSAR 技术具有覆盖范围广、空间分辨率高、全天时、全天候、高精度、无需地面控制点以及无需测量人员进实地等优势，兼顾面观测、穿透性、主动式遥感的数据获取手段，已逐渐应用于灾害监测，特别是在测量微小的地表沉降以及山体滑坡方面表现出极好的应用前景。

本次采用的技术方法是 PS-InSAR 和 SBAS-InSAR。两种技术方法的适用范围有所不同。PS-InSAR 技术一般多用于建筑物较多的区域，而 SBAS-InSAR 技术适用于建筑物较少的区域。根据实验区域实际现状，在六甲、河尾村、小板桥地区采用 PS-InSAR 技术，在机场及晋宁地区采用 SBAS-InSAR 技术，该技术克服了传统测量受天气影响较大的局限。由于影像覆盖范围大，利用 PS-InSAR 或者 SBAS-InSAR 能一次监测城区大面积的地表沉降，监测效率高。形变监测的时间覆盖范围大，因为可用的影像比较多，而不用过分考虑时间基线和垂直基线过大带来的去相关问题；PS 点上的地形精度可以提高到传统 InSAR 无法企及的高度；大部分的大气因素可以去除，这在小形变监测中比较重要。但是 PS-InSAR 处理方法比较复杂，对数据的时间覆盖范围要求高。

根据散射体的稳定性（时间相干性），监测到的位移精度可以达到毫米级，推断在时间段上的形变速度，而最大形变速度取决于时相的时间间隔以及 SAR 数据的波长。关于高程，PS 在散射体的位置精度上要大于 SBAS 技术，特别是在城市区域（城市地区的大楼比较多），PS 的分析对象是一个稳定的散射体，不用做相位解缠，而 SBAS 在相位解缠的过程中，对高程就进行平滑了。

SBAS 方法的命名来自其基线配置方面的考虑：小基线，即最小化时间、视角方面的差异，以最大限度地减小去相关和高程误差的影响，这也是其和 PS 方法的最主要区别。是否进行预滤波和多视处理也是其和 PS 方法的主要区别。所以这两种方法对于减少城市地质灾害和保障城市经济建设具有十分重大的意义。

实质上，PS-InSAR 技术仍然是一种差分干涉技术，是利用长时间序列的 SAR 卫星影像通过差分干涉，获取计算时间范围内具有高相干性的像素点，再通过算法模型迭代计算，逐个去除大气相位、地形相位和噪声误差等相位信息，最后提取出地面形变信息。PS-InSAR 技术流程如图 5-1 所示。

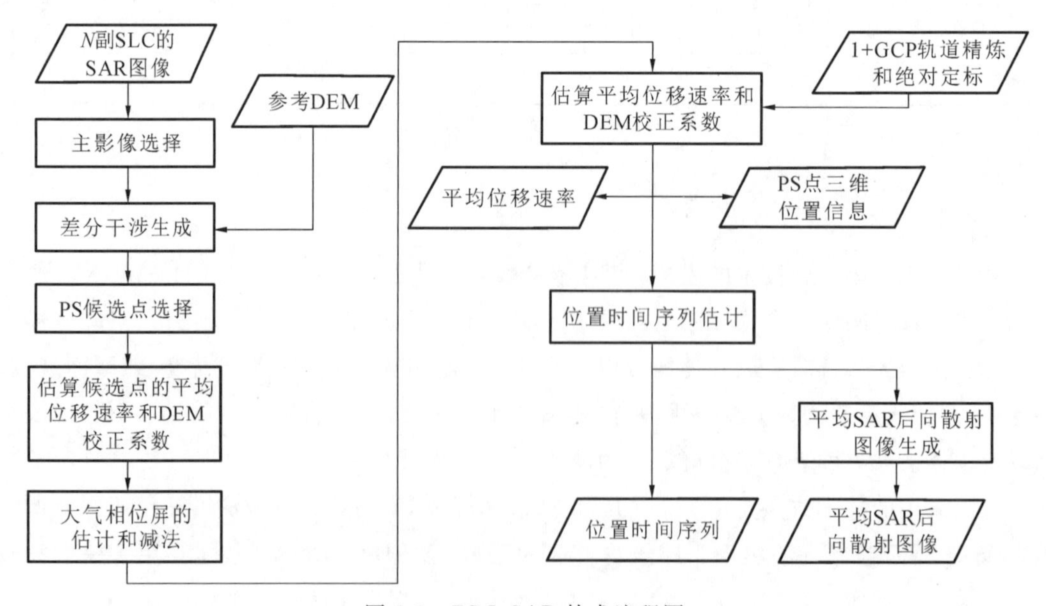

图 5-1　PS-InSAR 技术流程图

PS-InSAR 技术的基本原理是基于实验区多景 SAR 影像，对所有影像的幅度信息进行统计分析，查找并分析不受时间、空间基线去相关和大气效应影响，并且能保持高相干性的点作为永久散射体，以此探测实验区地表形变情况。为实现基于 PS-InSAR 的城市地表形变监测，需借助架构于 ENVI 之上的专业雷达图像处理系统 SARScape。它为使用者提供了完整的 SAR 数据处理功能，既可以实现对原始 SAR 数据的处理、分析，又可以很方便地输出 SAR 图像产品、数字高程模型(DEM)和地表形变图等信息。

本次实验采用降轨数据，PS-InSAR 技术主要步骤如下：

(1) 子区域选择与裁剪。一般来说，应选择能保持良好干涉的区域作为实验区。因为要找到稳定的 PS 点，所以城区符合要求。确定实验区域后，需在 ENVI 中对数据进行裁剪处理。

(2) 连接图生成。本步骤生成 SAR 数据对和连接图，用于之后的差分干涉。自动或者手动选择一个超级主影像，根据设定的临界基线阈值建立其他数据与超级主影像的主-从数据对。临界基线阈值一般设置为 500%，是临界基线的 5 倍。处理完之后会生成多景 SAR 数据时间序列上的时空基线分布情况，一般情况下，图中会显示绿、黄、红三种颜色，分别表示有效数据对、超级主影像和丢弃的数据对。

(3) 干涉工作流。这一步是根据像对的连接关系，对每一对像对进行干涉工作流处理。

(4) 初步选取 PS 参考点。干涉步骤完成之后，需要检查这一步的结果，尤其是配准精度。根据输入的参数速率和高程区间(velocity and height range)进行 PS 处理，取决于实验区的实际情况以及预期的形变情况。

(5) PS 第一次反演。主要方法是基于识别一定数量 PS 参考点(永久散射体)，根据 PS 回波信号的高信噪比特性，利用振幅阈值探测城区里长期稳定、相干性高的点，例如桥梁、房屋等城市居住区比较常见的地物，以及大坝、金属混凝土特性的物体等人造地物或岩石等自然地物。然后重点分析这些相对可靠 PS 点的历史相位。第一次模型反演获得位移速率和残余地形，用来对合成的干涉图进行去平。输出文件有速率、高程、相干性图和差分干涉图，包含大气信息的结果，数据带有后缀名_first。PS 的模型只有一种线性模型(Linear Model)，用来估算残余高度和形变速率。第一次生成的形变结果，包括速率和高层改正值，这个结果没有去除大气影响的相位。

$$\mathrm{Disp} = V \cdot (t - t_0) \tag{5-1}$$

其中，Disp 为 T 时间的形变，V 为形变速率。

$$\mathrm{Disp} = K + V \cdot (t - t_0) \tag{5-2}$$

其中，Disp 为 T 时间的形变，K 为常数，用于最后的拟合处理，V 为形变速率。

(6) PS 第二次反演。使用大气校正步骤，生成最终的形变结果。利用第一次模型反演产品估算大气成分、去除大气成分，进行第二次反演得到最终形变速率。利用重去平的干涉图估算形变相关信息，用每一期的干涉测量结果减去之前的线性模型估算的结果，利用每一期的地表形变量(高通成分)计算大气效应，设置时间滤波窗口和滤波窗口，基于时间域的高通滤波和空间域的低通滤波对其进行大气校正，得到大气校正之后的平均形变速率等产品。此处的线性模型为：

$$\text{Disp} = K + V \cdot (t - t_0) \tag{5-3}$$

其中，Disp 为 T 时间的形变，K 为常数，用于最后的拟合处理，V 为形变速率。

(7) 地理编码。此步骤将实现所有 PS 相关反演结果(形变速率、高度残差、形变序列、KML、矢量文件等)由雷达坐标系地理编码到 WGS 1984 坐标系的结果，通常情况下，设置相干系数阈值为 0.75 或者 0.8，小于阈值的 PS 将被剔除。

SBAS-InSAR 技术的基本原理是：将所有获得的 SAR 数据根据空间基线大小组合成若干个集合，集合内 SAR 图像基线距小，集合间的 SAR 图像基线距大，对每个小集合的地表形变时间序列可以很容易利用最小二乘(LS)方法得到。利用奇异值分解(SVD)方法可以有效地解决总体法方程秩亏的问题，将多个小基线集联合起来求解，得到覆盖整个观测时间的沉降序列。SBAS-InSAR 技术流程如图 5-2 所示。

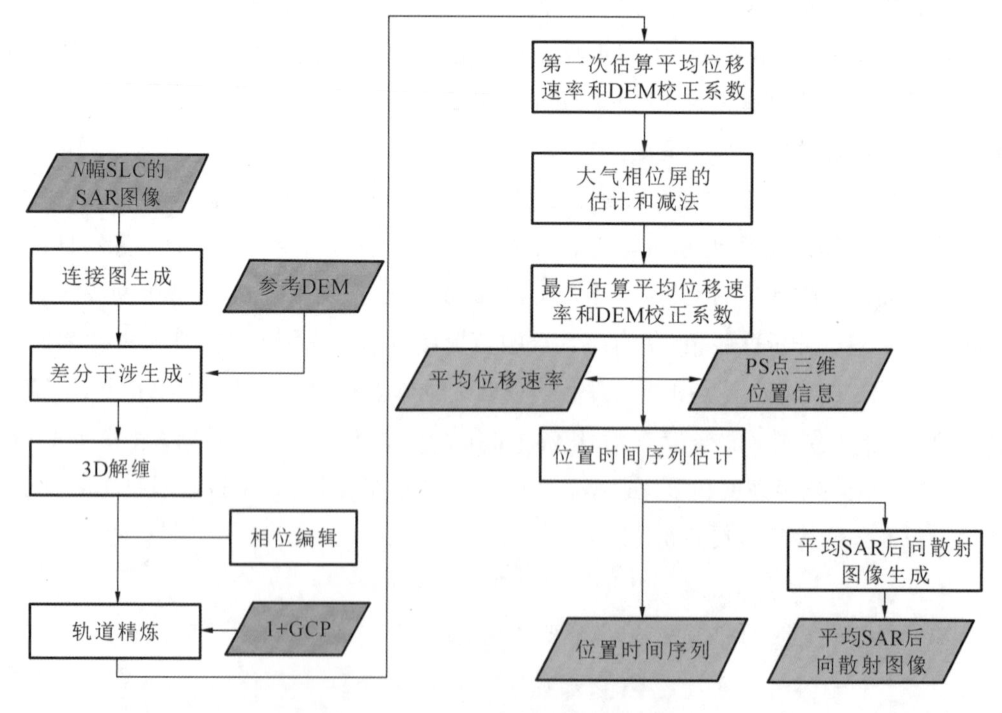

图 5-2　SBAS-InSAR 技术流程图

SBAS-InSAR 主要步骤如下：

(1) 影像配准。获取同一地区不同时刻的 $N+1$ 幅 SAR 影像，根据传感器的类型和经验，尽量设置小的时间和空间基线。

(2) 对所有配对的干涉对进行处理，包括相干性生成、去平、滤波、相位解缠。处理过程利用外部 SRTM 30m DEM 去地平和地形相位。

(3) 估算和去除残余误差和解缠后的相位跃变。引入一定数量的、稳定的、不在形变区域上且没有相位跃变的具有高相干性的 GCP 点，根据这些地面控制点的相位信息估算和去除解缠后的相位图中的残余相位信息和相位跃变。

(4) 形变时间序列的解算。先进行时间上的高通滤波，再进行空间上的低通滤波估计和去除大气、噪声等残余相位，对干涉图的差分干涉相位进行时间域的线性和非线性形变相位估计，利用奇异值分解法(SVD)解算形变速率，获取线路及周边区域 LOS 向形变速率。

5.3　结果分析

5.3.1　2004—2020 年昆明市城市沉降长时序分析与研究

本节研究了昆明盆地高原面的地质构造、高原湖滨城市群的地层分布、地下水开采情况及地面人类活动形成的载荷特性等各种控制因素对城镇沉降的影响规律以及沉降内在机理及响应关系，识别了各种控制因素对城镇沉降区域的对应性，得出了昆明城镇群各沉降变形区的影响控制因素及演化变迁规律。

实验研究采用 2004—2015 年的 SBAS-InSAR 技术和 2015—2020 年的 PS-InSAR 技术获取的监测数据，并结合 1998—2016 年的长时序水准测量数据，对滇池这一典型高原湖滨城镇地表进行整体区域性形变范围、形变速率、形变区变迁时空特征等分析研究，探索昆明城镇地面沉降与高原湖泊形成过程的复杂区域性地质构造、地质特征、水文地质条件、城市地下水过量开采及城市快速扩张建设等之间关系因素的响应机制，揭示高原湖滨城镇群复杂的地面沉降机理与规律，对城市灾害早期识别与灾害防范治理等有着重要的现实意义与应用价值。

结果显示(见图 5-3)，昆明市在 2004—2015 年间出现不同区域下沉与抬升并存的现象。在总体抬升的基础上，临近滇池部分区域出现下沉。滇池西侧的安宁市和昆明市北市区(A1、A2 区)整体处于抬升状态；滇池东侧的昆明市区河尾、船房一带呈现明显的沉降(B1 区)，河尾 12 年间总沉降量在 -200mm 左右，年平均沉降速率在 -17mm/a；六甲所在的区域(B2 区)有少量局部沉降;小板桥、朱家村和广卫呈明显的沉降漏斗(C 区),12 年间总沉降量在－423mm 左右,年平均沉降速率达－35.3mm/a。滇池东南侧的晋宁区(B3 区)首次出现明显的沉降趋势,其最大年形变速率达－22.5mm/a;昆明长水机场片区也出现大面积的微量沉降(D 区),年平均沉降速率为－15mm/a。

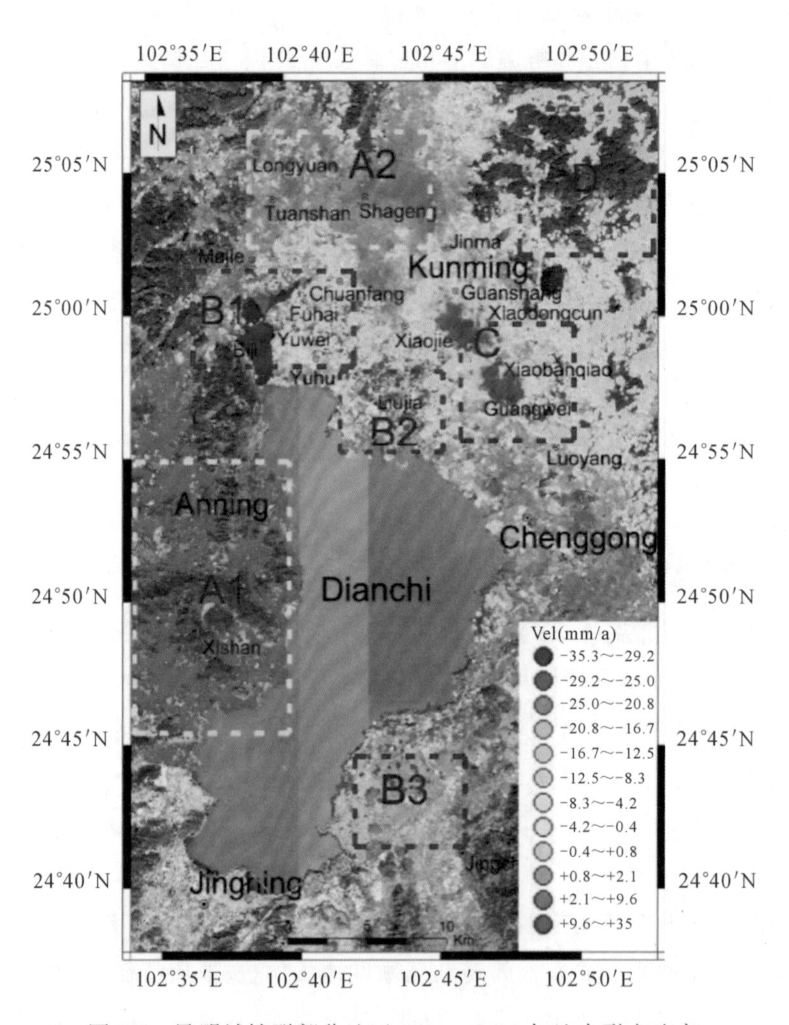

图 5-3　昆明城镇群部分地区 2004—2015 年地表形变速率

从 2015 年到 2020 年滇池地区形变形态整体上呈现出西升东降、北升南降的趋势(见图 5-4)。以滇池西岸线为界,西侧的安宁市(A1 区)整体处于抬升状态,年平均形变速率＋10mm/a左右;北市区呈现抬升现象(A2 区),年平均形变速率在＋5mm/a。东侧的昆明市南市区(B1 区)的形变仍以沉降为主,形变速率在－15mm/a 左右;六甲(B2 区)已形成较为明显的集中连片沉降区域;B3 区最大年形变速率达－30mm/a。小板桥区域(C 区)沉降依然最为严重，年沉降量达－40mm/a；昆明长水机场片区 D 区年平均沉降速率－19mm/a。

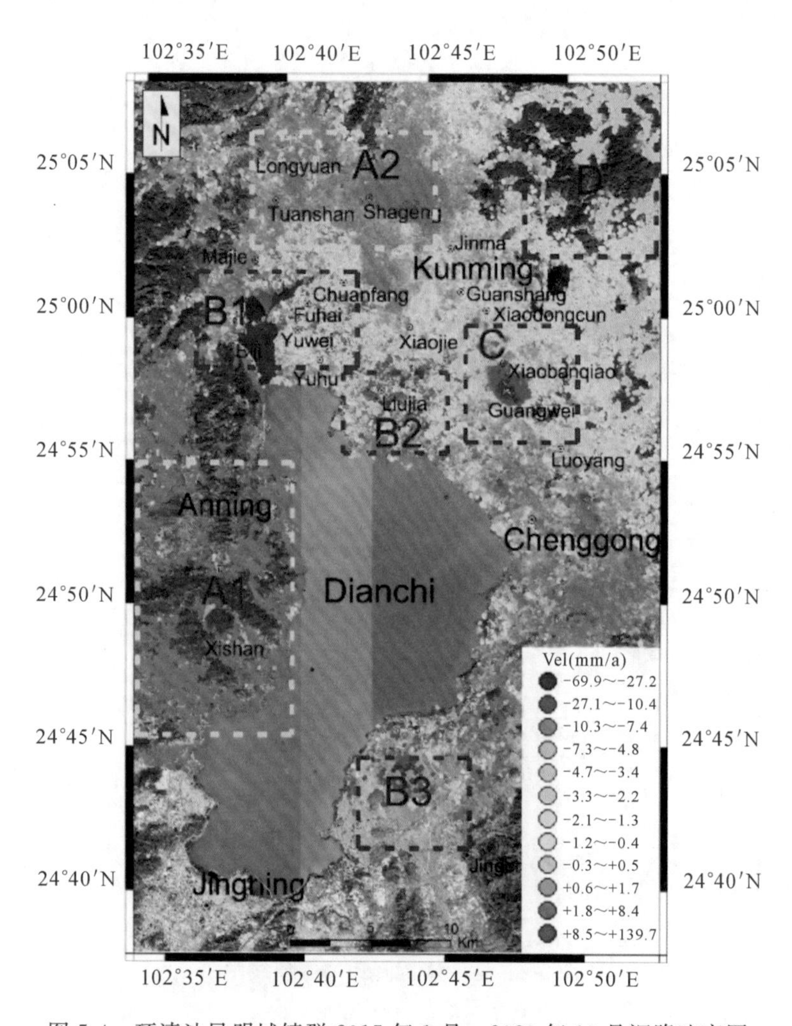

图 5-4　环滇池昆明城镇群 2015 年 1 月—2020 年 10 月沉降速率图

综合 2004—2015 年 SBAS-InSAR 和 2015—2020 年 PS-InSAR 的监测分析结果，可以在一定程度上揭示环滇池周边区域的地表形变整体规律。通过图 5-3 和图 5-4 可以看出，该区域复杂的地表形变表现出明显的抬升与沉降并存的差异性形变特性。

从沉降速率等值线图（图 5-5）可以看出，位于滇池西侧的安宁市（A1 区）一直处于整体抬升状态；位于滇池东北方向的昆明市主要表现为沉降（B1、B2、B3、C）。近滇池区域（B1、B2、B3）一直在持续沉降，但 B1 区域沉降速率在减缓，从平均沉降速率－17mm/a（2004—2015 年）下降到－15mm/a（2015—2020 年）；B2 和 B3 已形成明显的集中连片，其速率和范围在不断增大；C 区沉降范围在缩小，其中一个沉降漏斗（C 区北部）已慢慢消失，但另一个沉降漏斗(C区)依然处于加速下沉状态，其平均年沉降速率由−35.3mm/a(2004—2015年)增加到−40mm/a(2015—2020年)。

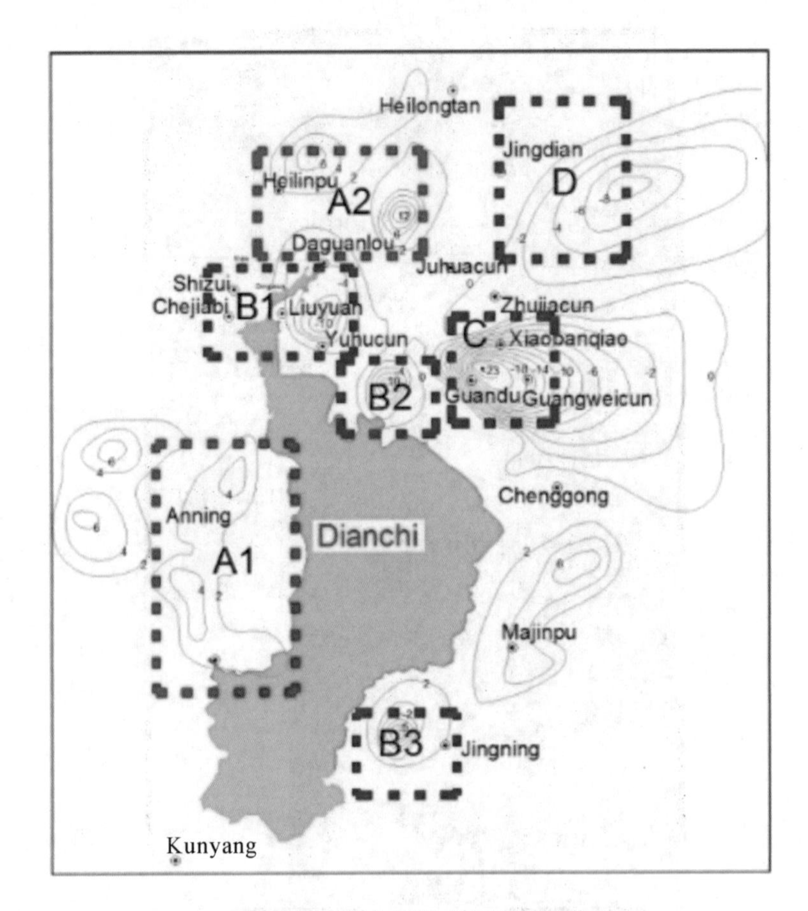

图 5-5　昆明市沉降速率等值线图

研究结果表明：昆明地区沉降主要受高原面区域活动构造影响，断陷盆地地貌沉积物为沉降发育及加剧提供了背景条件，早期地面沉降区与地下水超量开采密切相关，近年来地面载荷强度加大，使部分区域沉降面积不断扩大、速率增加。

通过分析重点区域形变规律的受控因素，初步揭示沉降机理，对探索昆明城市形变机理、识别与消除形变灾害隐患及城市发展规划有较好的理论借鉴与实践指导作用。可为昆明市自然资源局地质勘查与矿产资源保护监督处地质行业管理和地质工作、地质灾害的预防和治理提供帮助以及为监督管理地下水过量开采等引发的地面沉降地质问题提供安全监测预警。

5.3.2　基于 PS-InSAR 昆明市城市重点沉降区监测

实验首先采用 2019 年 1 月 4 日—2021 年 1 月 29 日数据进行 PS 解算，得出结果如图 5-6所示，图中正值表示抬升，负值表示沉降。监测结果表明，从 2019 年 1 月到 2021 年 1 月该地区及周边大部分区域的沉降量在－50.404～＋10.020mm 之间。

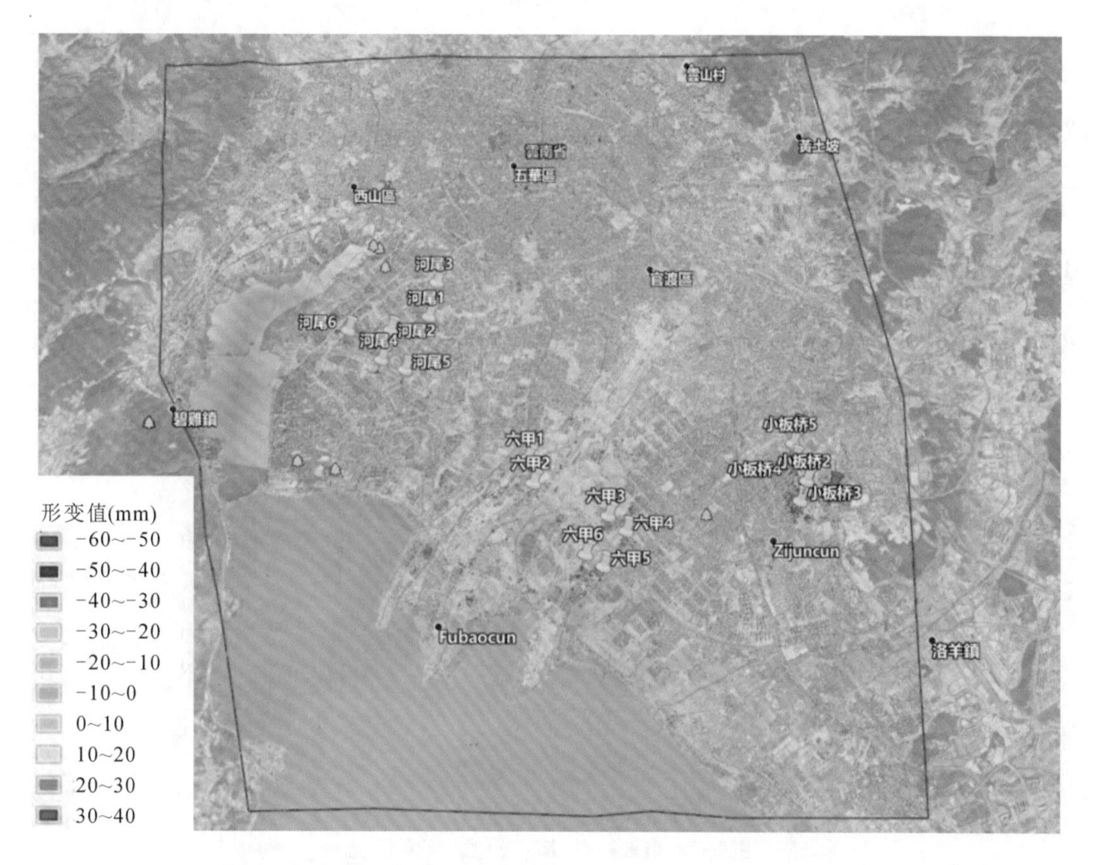

图 5-6　实验区线路 2019 年 1 月—2021 年 1 月累计沉降量图

各沉降区域沉降情况分述如下：

1）小板桥及其周边地区形变监测结果分析

基于上述实验结果发现，小板桥及其周边地区有较为明显的沉降情况。为了进一步了解小板桥及其周边的具体情况，选取了该地区的 6 个点（小板桥 1～小板桥 6，坐标见表5-2），对小板桥及其周边地区进行时序分析，结果如图 5-7 所示。

表 5-2　小板桥区域定点坐标

	纬度	经度
小板桥 1	24.958712°	102.788378°
小板桥 2	24.960240°	102.781902°
小板桥 3	24.955699°	102.780053°
小板桥 4	24.965173°	102.779018°
小板桥 5	24.968977°	102.778762°
小板桥 6	24.972486°	102.779847°

图 5-7　小板桥及其周边地区沉降情况

从图 5-8 可以看出，2019 年 1 月至 2021 年 1 月底，小板桥 1 号点与 2 号点处于持续沉降状态，截至 2021 年 1 月底，小板桥 1 号点的累计形变量为－33mm，小板桥 2 号点的累计形变量为－47mm；小板桥 3 号点与 4 号点沉降趋势大致相同，从 2019 年 1 月至 2021 年 1 月底，其累计沉降量均达到 40mm；小板桥 5 号点与 6 号点沉降趋势大致相同，其累计沉降值较大，达到 50mm。

2）河尾村及其周边地区形变监测结果分析

河尾村与周围部分区域存在一定的沉降现象（图 5-9）。为了预估地表沉降情况，对河尾村及其周边地带选取 6 个点进行时序分析（河尾村 1～河尾村 6，坐标见表 5-3），对河尾村及

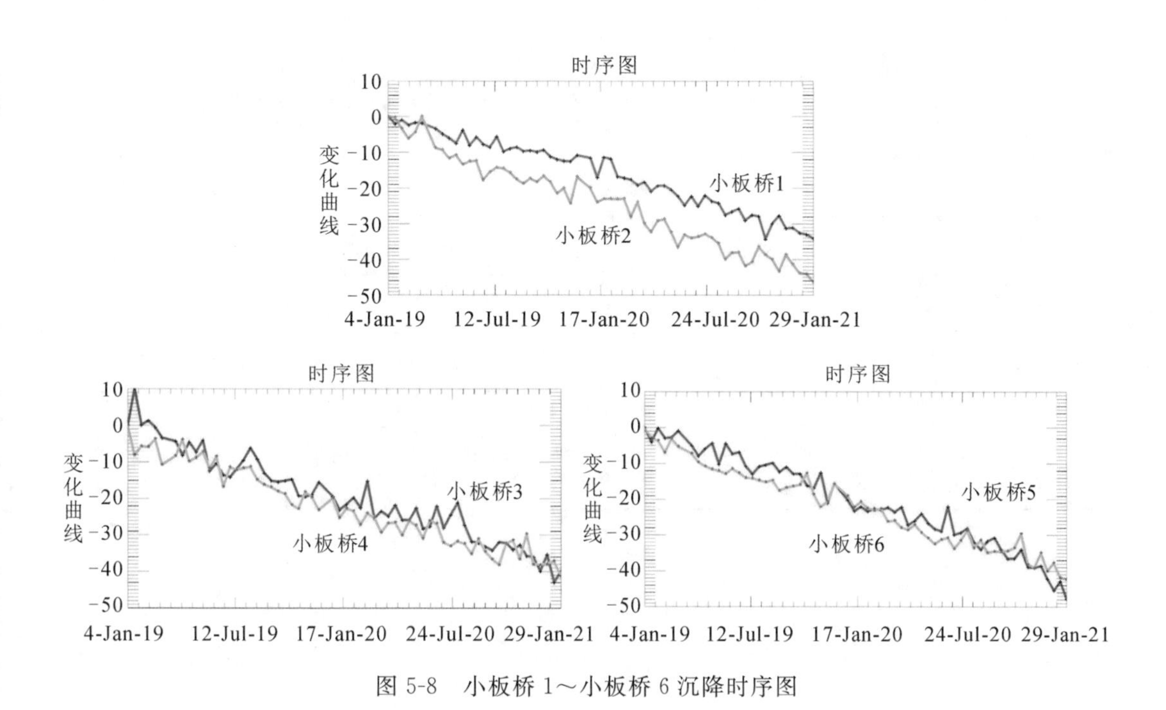

图5-8 小板桥1～小板桥6沉降时序图

其周边进行时序分析,结果如图5-10所示。

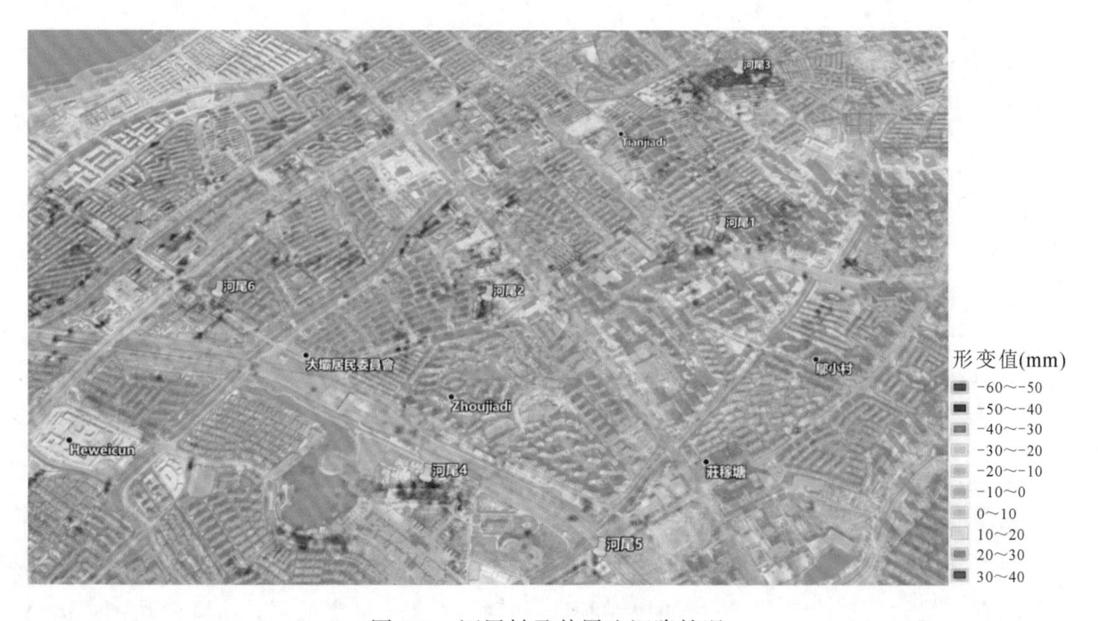

图5-9 河尾村及其周边沉降情况

表 5-3　河尾村区域定点坐标

	纬度	经度
河尾 1	25.001604°	102.686358°
河尾 2	24.998365°	102.676806°
河尾 3	25.010303°	102.687790°
河尾 4	24.991083°	102.685072°
河尾 5	24.988489°	102.681314°
河尾 6	24.998562°	102.666023°

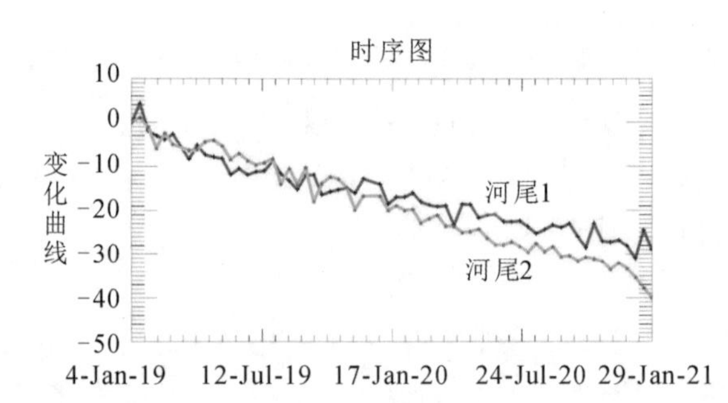

图 5-10　河尾村 1～河尾村 6 沉降时序图

从图 5-10 中可以看出，从 2019 年 1 月至 2021 年 1 月底，河尾村 1 号点及 2 号点发生了连续的沉降，其中 1 号点附近的累计沉降值达到 30mm，2 号点附近的累计沉降值达到 40mm，存在轻微的沉降现象，后续还应对其进行持续观测；3 号点的累计沉降值达到 38mm，4 号点出现较为连续的沉降情况，其累计沉降值达到 14mm；5 号点与 6 号点的形变值大致相同，均为 40mm，6 号点的形变值持续沉降，但 5 号点的形变值在 2020 年 6 月到 2020 年

7 月左右发生了较大的波动，月内形变值达到 18mm 左右，考虑到雨季，可能是因为降雨导致其形变值发生变化，由于该点位于十字路口附近，地理位置较为复杂，故 5 号点的沉降因素还需要更进一步的分析。

3）六甲及其周边地区形变监测结果分析

六甲及其周围区域有一定的沉降（图 5-11），为了进一步对六甲及其周围沉降区域进行分析，故选取了沉降区域中的 6 个点（六甲 1～六甲 6，如表 5-4 所示），对该区域进行时序分析，结果如图 5-12 所示。

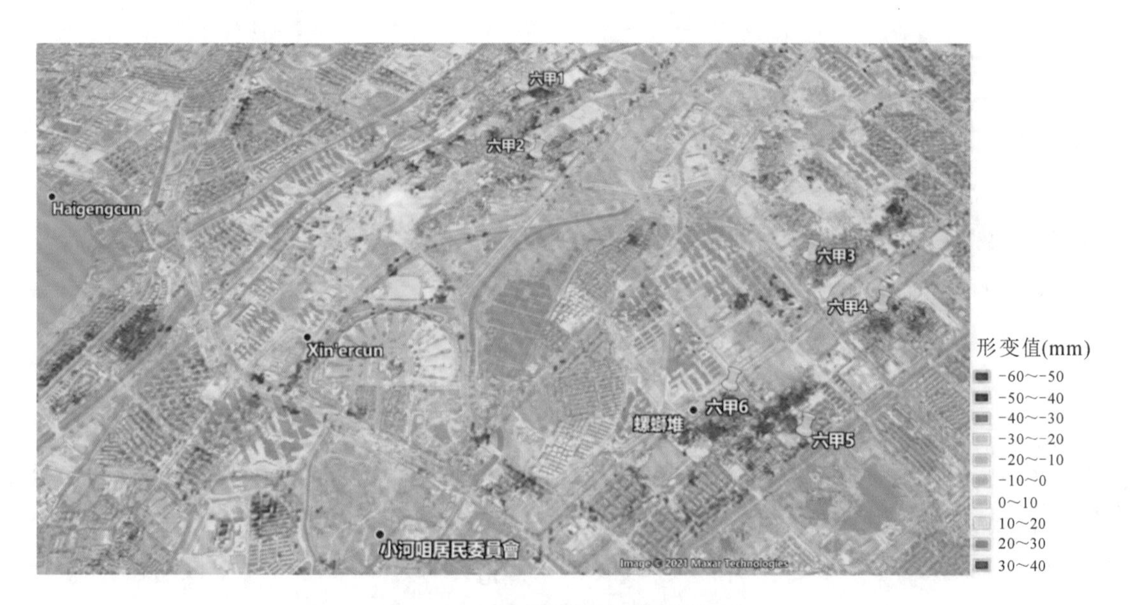

图 5-11　六甲及其周边沉降情况

表 5-4　六甲区域定点坐标

	纬度	经度
六甲 1	24.966604°	102.713047°
六甲 2	24.960880°	102.714563°
六甲 3	24.953095°	102.733131°
六甲 4	24.949535°	102.737541°
六甲 5	24.941723°	102.732138°
六甲 6	24.944479°	102.727780°

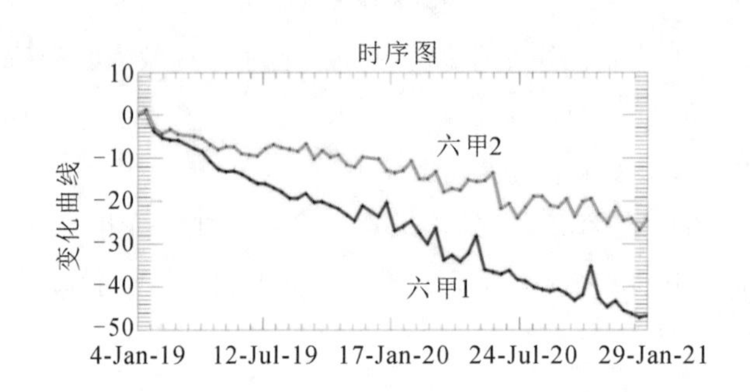

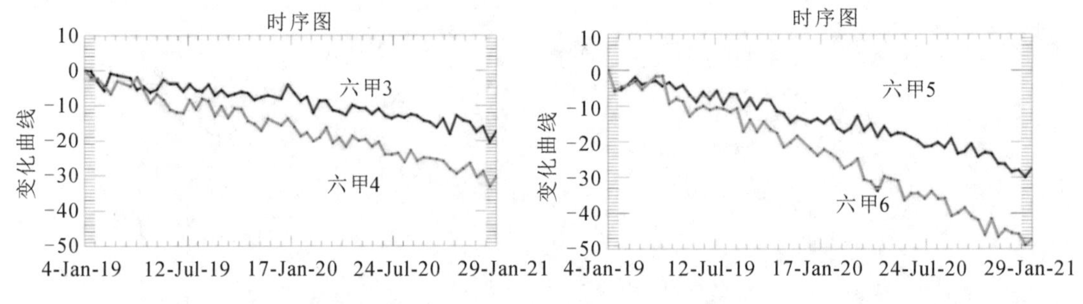

图 5-12　六甲 1～六甲 6 沉降时序图

从图 5-12 中可以看出，从 2019 年 1 月至 2021 年 1 月底，六甲 1 号点发生较为连续的沉降，其形变值最大为 47mm。六甲 2 号点形变值较为平缓，其累计沉降值为 24mm；六甲 3 号点形变值变化较为平缓，累计沉降值为 17mm。六甲 4 号点的波动较 3 号点稍大，累计沉降值为 30mm；六甲 5 号点变化较为平缓，其累计沉降值为 28mm。六甲 6 号点波动较大，累计沉降值为 47mm。后续还应对该地区进行持续观测。

5.3.3　基于 SBAS-InSAR 昆明市城市重点沉降区监测

1. 机场及其周边地区形变监测结果分析

监测结果表明（图 5-13），从 2019 年 1 月到 2021 年 1 月机场及其周边大部分区域的沉降量在－67～＋3mm 之间。机场及其周边地区有较为明显的沉降情况。

为了进一步了解机场及其周边的具体情况，选取了该地区的 8 个点（机场 1～机场 8），8 个点位坐标如表 5-5 所示，对机场及其周边地区进行时序分析，结果如图 5-14 所示。

从图 5-14 中可以看出，从 2019 年 1 月至 2021 年 1 月底，机场 1 号点和 2 号点发生了连续的沉降，其中 1 号点附近的累计沉降量达到 64mm，2 号点附近的累计沉降量达到 47mm，存在沉降现象，后续还应对其进行持续观测；4 号点也发生着连续的沉降现象，累计沉降量为 28mm。3 号点的沉降较为稳定，甚至略有抬升（＋3mm）；5 号点的累计沉降量为 67mm，

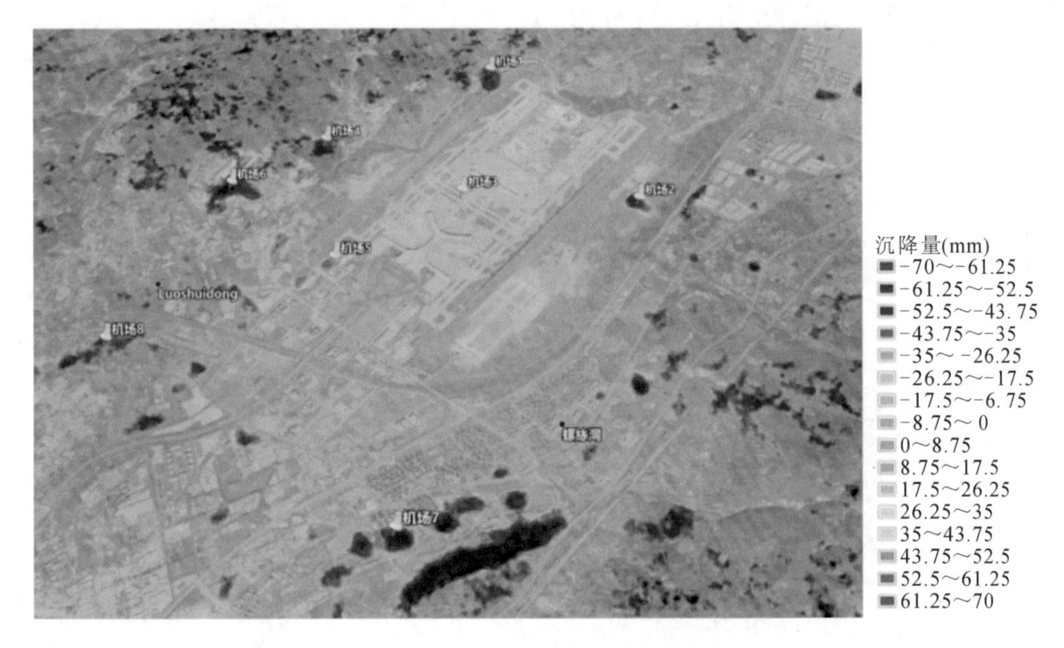

图 5-13　机场实验区累计沉降量

机场 6 号点的累计沉降量为 31mm，5 号点和 3 号点在机场跑道及其邻近处。机场 7 号点的累计沉降量为 61mm。机场 8 号点的累计沉降量为 28mm。

表 5-5　机场区域定点坐标

	纬度	经度
机场 1	25.131068°	102.936494°
机场 2	25.108097°	102.956261°
机场 3	25.109349°	102.932833°
机场 4	25.118046°	102.913927°
机场 5	25.098885°	102.916788°
机场 6	25.110657°	102.901810°
机场 7	25.064232°	102.926462°
机场 8	25.087251°	102.889804°

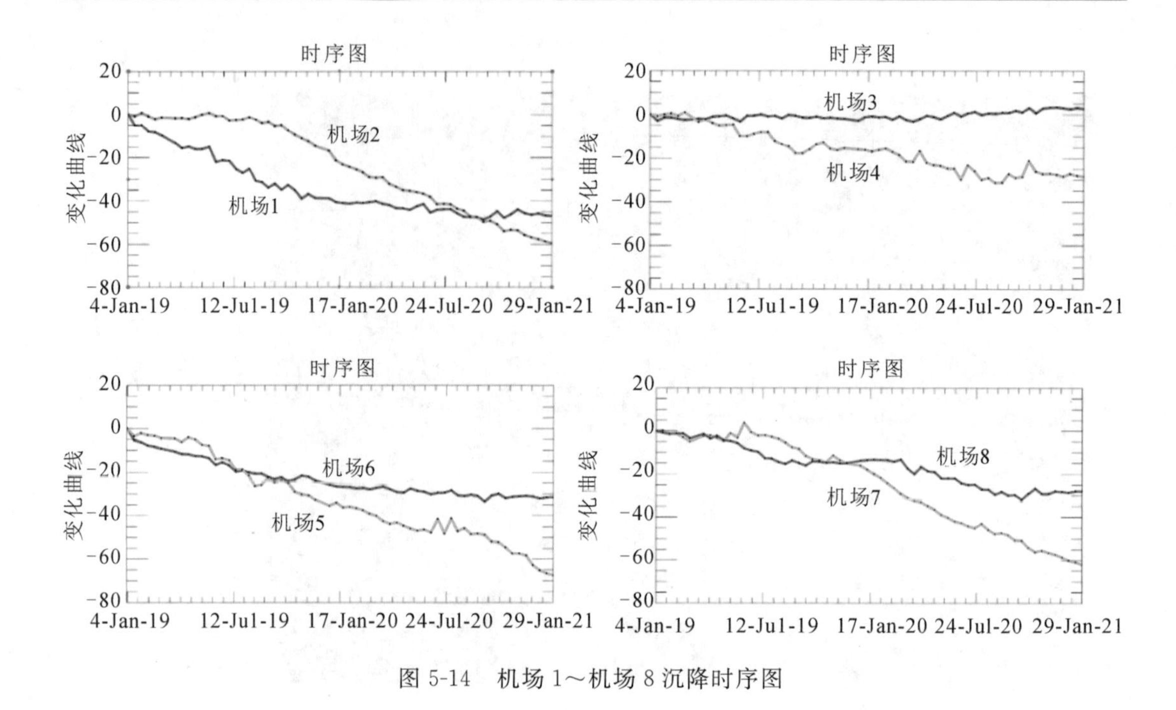

图 5-14　机场 1～机场 8 沉降时序图

2. 晋宁及其周边地区形变监测结果分析

从图 5-15 中可以看出，晋宁及其周边大部分区域的沉降量在－80～10.02mm 之间，晋宁及其周边地区也存在着较为明显的沉降情况。

图 5-15　晋宁实验区累计沉降量

为了进一步了解晋宁及其周边地区的具体情况，选取了该地区的 8 个点（晋宁 1～晋宁 8），8 个点位坐标如表 5-6 所示，对机场及其周边地区进行时序分析，结果如图 5-16 所示。

表 5-6　晋宁区域定点坐标

	纬度	经度
晋宁 1	24.761765°	102.751227°
晋宁 2	24.746341°	102.742745°
晋宁 3	24.742632°	102.733704°
晋宁 4	24.732462°	102.728014°
晋宁 5	24.730766°	102.752747°
晋宁 6	24.732495°	102.776392°
晋宁 7	24.739294°	102.717949°
晋宁 8	24.750146°	102.727228°

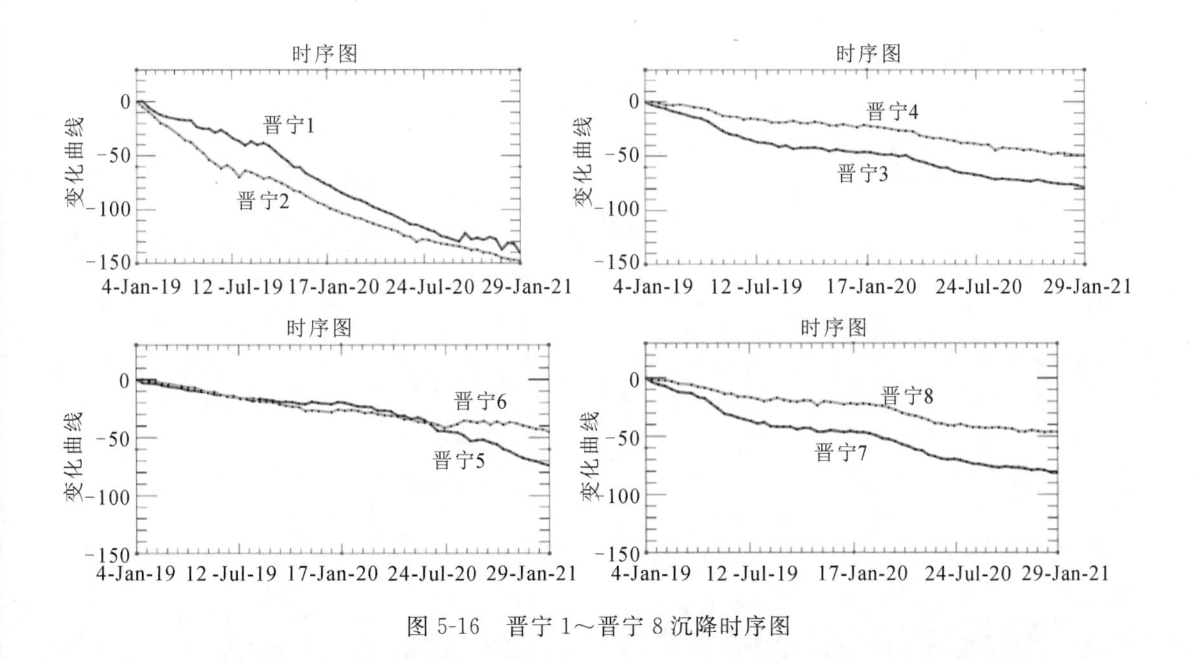

图 5-16　晋宁 1～晋宁 8 沉降时序图

从图 5-16 可以看出，2019 年 1 月至 2021 年 1 月底，晋宁 1 号点与 2 号点处于持续沉降状态，晋宁 1 号点与 2 号点的累计沉降量均达到 75mm 和 74mm，累计沉降值较大；晋宁 3 号点与 4 号点均发生沉降，晋宁 3 号点累计沉降量达到 74mm，4 号点的沉降值为 52mm；晋宁

5 号点与 6 号点沉降趋势大致相同，两点累计沉降值较大，其中 5 号点达到 52mm，6 号点的累计沉降量为 65mm；晋宁 7 号点和晋宁 8 号点沉降趋势相似，其累计沉降量均为 40mm。

5.4 小　结

本次实验得到了昆明市整体及河尾村、六甲、小板桥、机场、晋宁等典型区域的累计沉降量和沉降时序图，分析结果表明：河尾村、六甲、小板桥及周边地表发生了轻微的沉降，其中河尾村和小板桥地区沉降量较六甲地区沉降量大，应特别关注河尾村及小板桥周边形变情况，后续还需通过进一步的 InSAR 计算监测这一地区的地表变形情况。机场跑道较为稳定，但其周边沉降量较大，需要持续关注；对比其余观测地区，晋宁地区沉降量最大。机场和晋宁及周边地区应结合地质断裂带、降雨等信息分析，结合相关水准测量，进行进一步的监测。本研究可用于对城市内地质灾害点进行排查，及时发现隐患，对城市灾害早期识别与灾害防范治理等有着重要的现实意义与应用价值。

第6章
多源遥感在昆明主城区土地覆被及水体监测中的应用研究

6.1 实验区域

本次实验区域为云南省昆明主城区，包括五华区、盘龙区、西山区、呈贡区、晋宁区(图6-1)。本次实验以多源遥感数据为基础，对2013年、2017年和2019年实验区林地、草地资源和水环境质量进行遥感监测和反演，反演参数包括归一化植被指数(NDVI)、植被覆盖度、归一化水体指数和叶绿素a浓度；对昆明市主城区2000—2020年土地利用覆盖变化情况进行定量监测和统计。

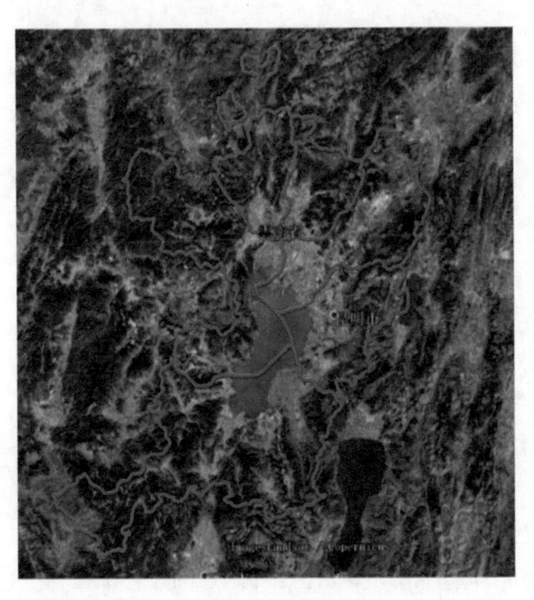

图6-1　实验区范围

6.2 实验数据和方法

6.2.1 实验数据

本实验涉及的多源数据主要包括美国陆地卫星 Landsat 8 OLI 多光谱数据、ALOS-PLASAR 数据和 GlobeLand30 地表覆盖数据。

1. Landsat 8 OLI 多光谱数据

Landsat 8 上携带陆地成像仪和热红外传感器。OLI 陆地成像仪包括 9 个波段，空间分辨率为 30m，其中包括一个 15m 的全色波段，成像宽幅为 185km×185km。OLI 包括 ETM+传感器所有的波段。作为一款开源多光谱影像数据，Landsat 8 OLI 数据在林业、农业和环境监测等方面获得了广泛的应用。本次处理利用 2013 年、2017 年和 2020 年 5 月的 Landsat 8 OLI 多光谱影像数据。

2. ALOS-PLASAR 数据

ALOS 是日本宇宙航空研究所(JAXA)的 Advanced Land Observing Satellite-1(高级陆地观测卫星-1，ALOS)项目。ALOS 12m 地形数据来源于 ALOS 的 PALSAR 传感器。本次实验采用 ALOS-PALSAR 12.5m 分辨率地形数据，来源于 ALOS 的 PALSAR 传感器。PALSAR 有多种观测模式，包括单极化(FBS)、多极化(FBD)以及极化模式(PLR)。

3. GlobeLand30 地表覆盖数据

30m 全球地表覆盖数据 GlobeLand30 是中国研制的 30m 空间分辨率全球地表覆盖数据。自然资源部于 2017 年启动对该数据的更新，目前，GlobeLand30 2020 版已完成。本次统计调查采用 2000 年、2010 年和 2020 年的 GlobeLand30 数据。

6.2.2 实验方法及步骤

本次实验包括三个部分：第一部分：植被指数及植被覆盖度反演；第二部分：水体指数及水体叶绿素 a 浓度反演；第三部分：土地覆盖变化调查统计。各部分采用的技术方法及数据处理流程如下：

1) 植被指数及植被覆盖度反演

本次实验是利用 Landsat 8 OLI 多光谱影像数据波谱特征进行生态反演。技术流程如图 6-2 所示。

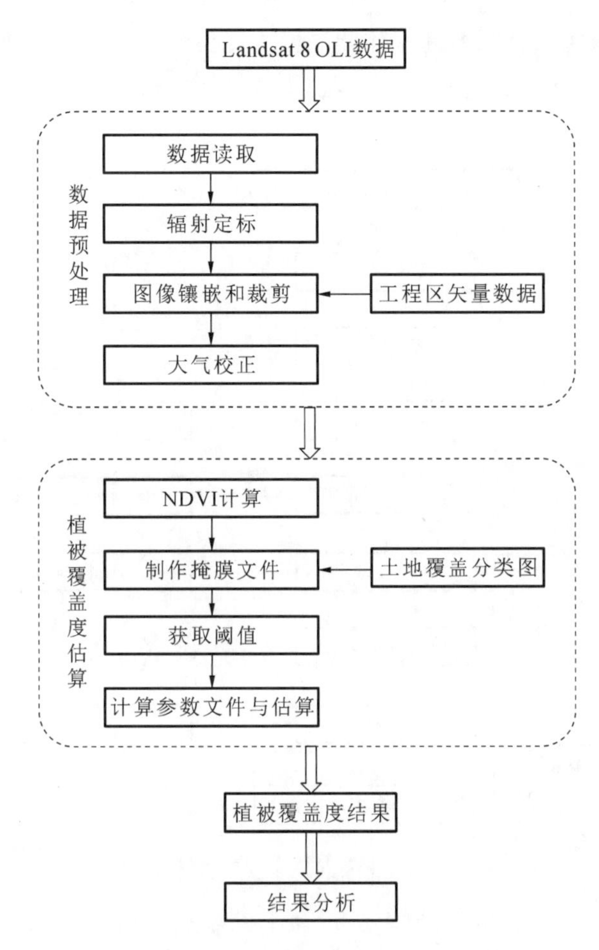

图 6-2　植被覆盖度反演技术流程图

主要步骤如下：

(1) 选择实验区对应时间段的 Landsat 8 OLI 影像数据集。

(2) 辐射定标，将图像的亮度灰度值转换为绝对的辐射亮度。

(3) 利用 ALOS-PALSAR 12.5m DEM 数据进行大气校正。计算实验区平均高程(1991.297931m)，查阅影像数据头文件，获取影像传感器信息。综合以上信息后进行 FLAASH 大气校正。

(4) 大气校正后对数据进行镶嵌裁剪，利用 2016 年全国行政区划数据对影像进行裁剪。

(5) 计算 NDVI 和植被覆盖度，计算实验区 NDVI。

2) 水体指数及水体叶绿素 a 浓度反演

利用 Landsat 8 OLI 数据的绿波段、红波段和近红外波段，对相应时间点昆明市区内水体进行水体指数、增强型水体指数和水体叶绿素浓度反演。用较低的成本，快速、简便地获取大区域范围内水体水质变化情况。技术路线如图 6-3 所示。

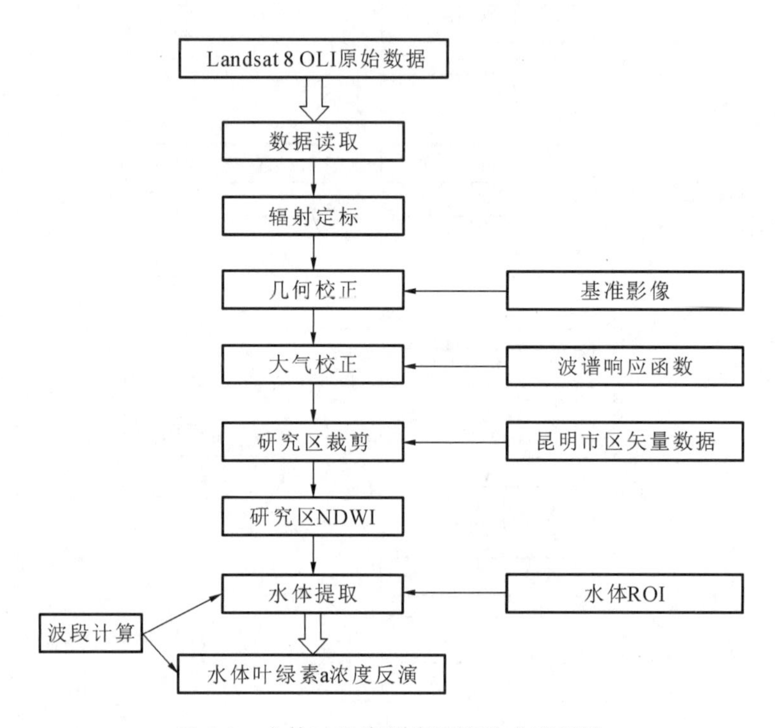

图 6-3　水体叶绿素浓度反演技术流程图

主要步骤如下：

(1) 选择实验区对应时间段的 Landsat 8 OLI 影像数据集。

(2) 辐射定标，将图像的亮度灰度值转换为绝对的辐射亮度。

(3) 进行 FLAASH 大气校正。

(4) 利用实验区矢量文件对影像进行裁剪，并在波段计算工具中计算实验区归一化水体指数(NDWI)、增强型水体指数(MNDWI)。(NDWI：(float(b3)—float(b5))/ (float(b3)＋float(b5))；MNDWI：(float(b3)—float(b6))/ (float(b3)＋float(b6)))。

(5) 选取 MNDWI 阈值区间，制作水体提取掩膜(ROI)对实验区影像水体进行提取。结果如图 6-4 所示。

3) 土地覆盖变化调查统计

采用我国首次提供给联合国的全球土地覆盖产品——GlobeLand30 土地覆盖数据。目前该数据由自然资源部更新，包含 2000 年、2010 年和 2020 年全球土地覆盖数据。根据需

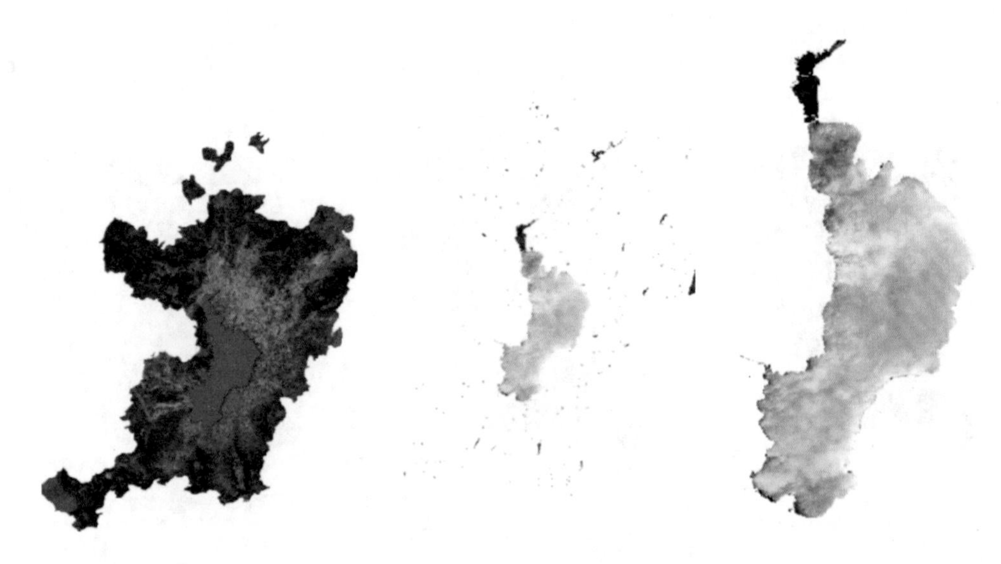

图 6-4　水体提取结果

求，采用昆明市行政范围内的覆盖数据进行调查统计。具体操作如下：

(1) 下载相关区域 GlobeLand30 土地覆盖数据。

(2) 采用 ENVI 软件对土地覆盖数据进行裁剪和拼接。

(3) 统计数据栅格属性，并将统计后的属性表导出到 Excel 中，制作土地覆盖变化转移矩阵。

6.3 结果分析

6.3.1 植被指数及植被覆盖度监测结果分析

由于 NDVI 对高植被覆盖区域不敏感，采用像元二分法计算植被覆盖度，结果如图 6-5 所示。分析发现，2013—2017 年间 NDVI 指数变化不明显，但是 2017—2019 年间存在城市加速扩张、林地显著减少的现象。结合 2017—2019 年昆明市经济增速发展状况，说明存在城市加速扩张现象。

从图 6-6 中可以看出，2013—2017 年城区植被覆盖度有一定程度的增加。2017—2019 年随着经济社会的发展和城市的扩张，林地流失严重。后续还需加强对林地转变具体情况的定量反演。

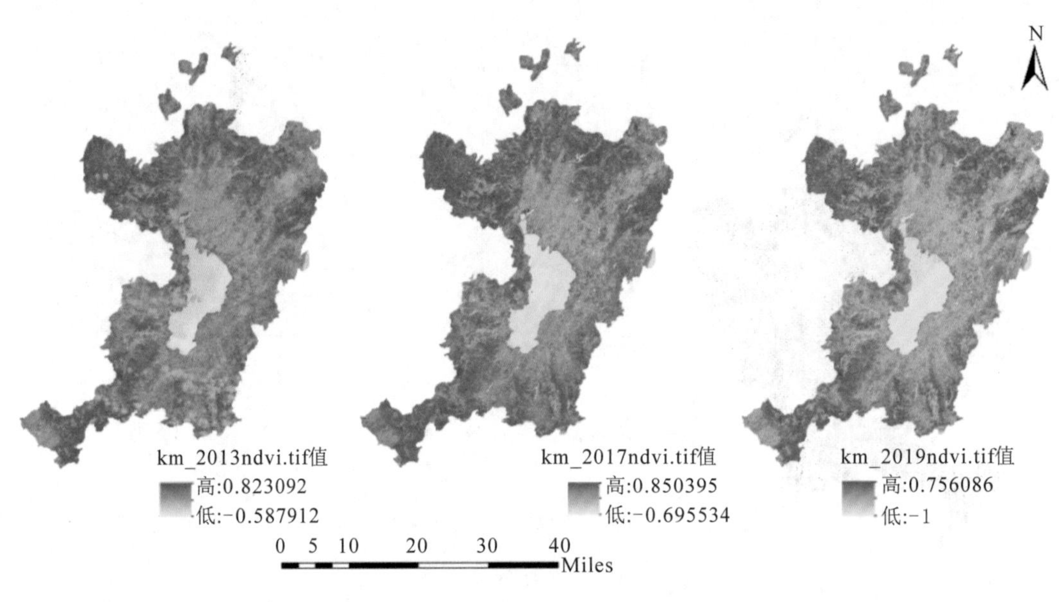

图 6-5　2013—2019 年水体提取结果及 NDVI 变化对比

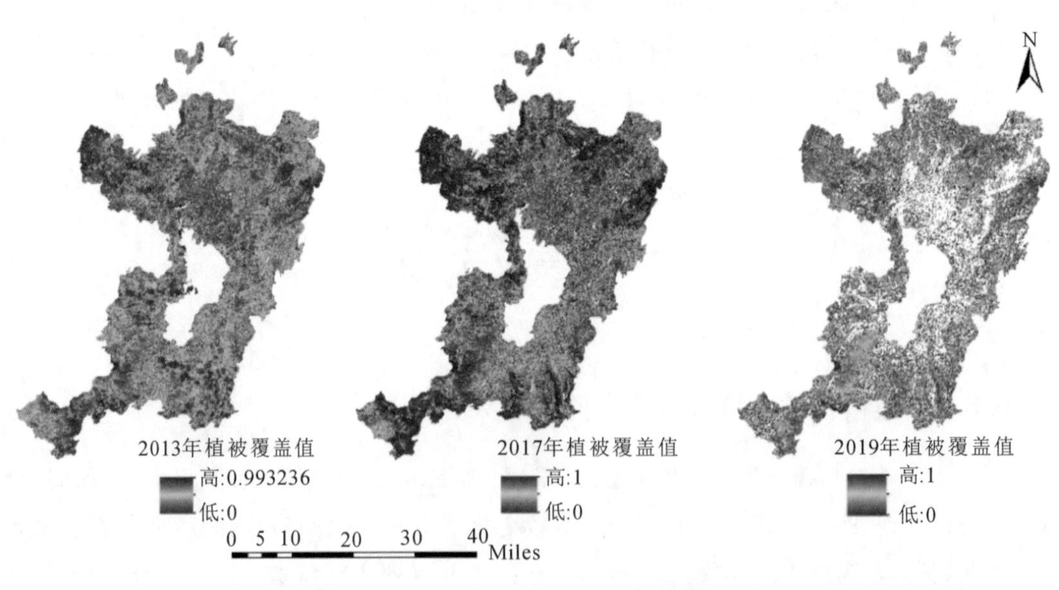

图 6-6　2013—2019 年昆明市区植被覆盖度变化情况

6.3.2　水体指数及水体叶绿素 a 浓度监测结果分析

由图 6-7 得知，在滇池流域“六大工程”共同作用下，昆明市水体尤其是滇池，其水质在

2013—2019 年逐步得到改善。

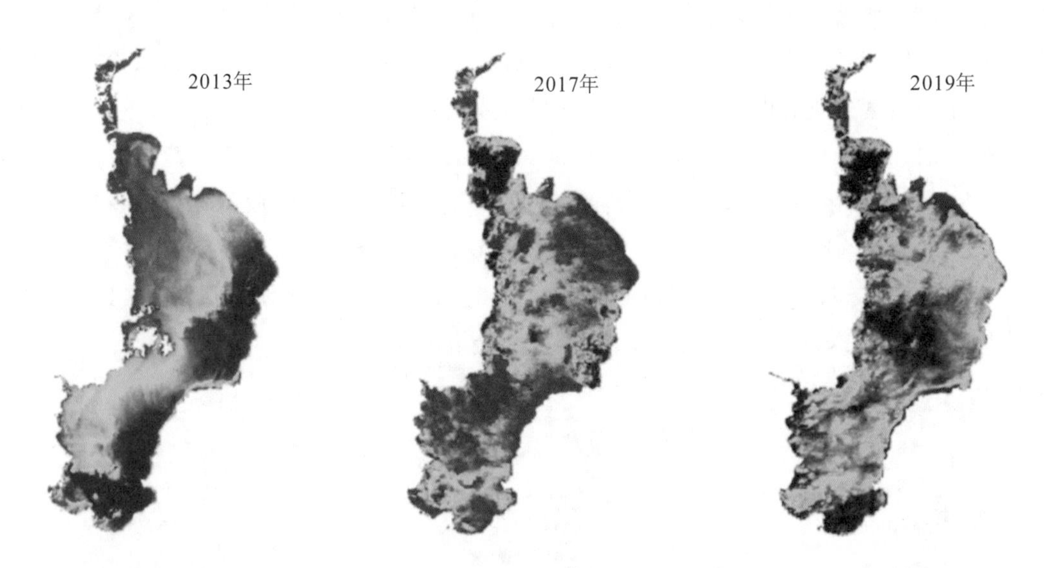

图 6-7　2013—2019 年滇池水域水体指数变化图

由于实验区位于昆明市城区，环境内建筑物较多。在这种环境下，增强环境指数(MNDWI)相较于水体指数(NDWI)更具有优势。通过图 6-8 的增强型水体指数可以看出，2013—2019 年滇池水质整体改善趋势与 NDWI 变化大致相同，水体富营养化状况得到显著改善。但是滇池东北岸和西岸部分地区仍然存在一定程度的污染问题，分析后认为可能是城市扩张生活用水排放导致，后续还应对其进行持续观测。

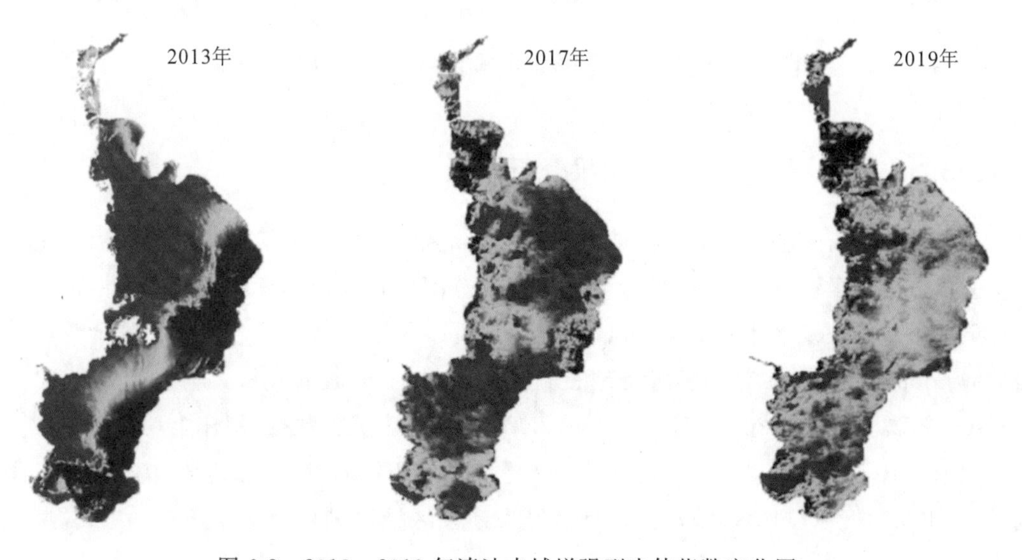

图 6-8　2013—2019 年滇池水域增强型水体指数变化图

归一化水体指数和增强型水体指数对水体较为敏感，为进一步确定滇池生态环境质量变化情况，利用增强型水体指数，对滇池水体进行掩膜提取，并对提取后的水体叶绿素浓度进行反演。结果如图 6-9 所示，通过叶绿素 a 浓度反演结果再次验证上述分析结论。由于城市扩张、工业发展和化肥施用等多种因素影响造成滇池内叶绿素浓度上升，水体富营养化。经过国家和地方长时间的治理后滇池内叶绿素浓度得到控制，水质逐渐好转。但其东北部沿岸仍存在叶绿素浓度较高、水体富营养化现象，结合该地区具体发展状况后初步推测为城市扩张人口增加生活用水排放导致。后续在获得高光谱数据后将持续对滇池流域及昆明主要水系水体磷、氮等元素含量进行监测和定量反演，并与环境部门水质实测数据比对，以更好地建设国家生态文明。

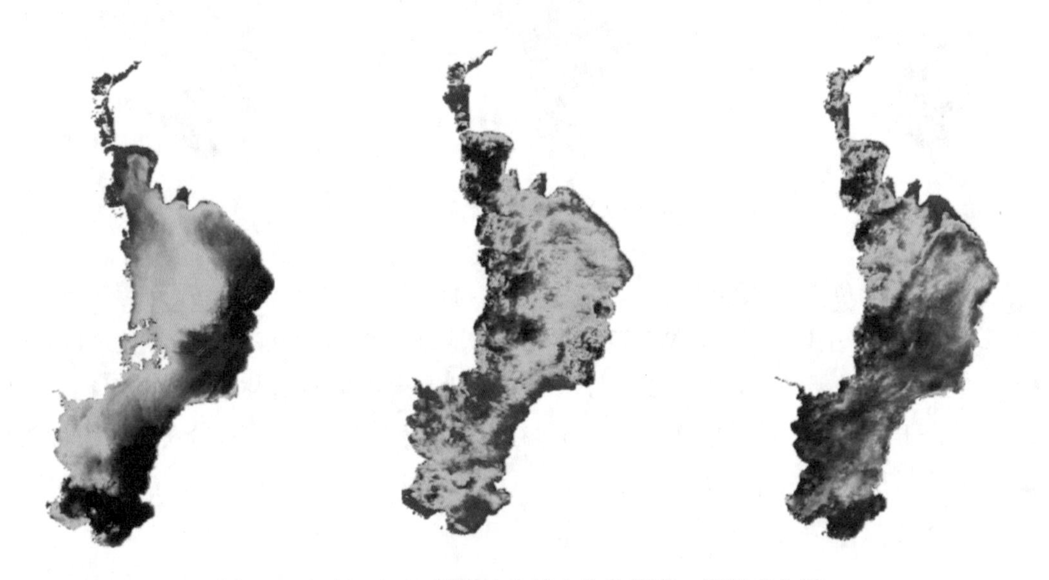

图 6-9　2013—2019 年滇池水域水体叶绿素 a 情况变化图

6.3.3　土地覆盖变化统计结果分析

基于定性分析从植被指数及植被覆盖度反演结果中发现：受昆明城市化进程加快和经济快速发展等因素影响，2013—2019 年昆明市区范围内林地范围有明显减少。但是定性分析结果在土地覆被及水体监测中难以有效应用，所以利用我国向联合国提交的全球地表覆盖数据 GlobeLand30 对实验区域土地覆盖类型变化进行定量分析。本次数据处理基于 ArcGIS，选取了昆明市 2000 年、2010 年和 2020 年的地表覆盖数据，制作土地覆盖类型变化图。如图 6-10 所示，2000—2020 年昆明市人造地表面积迅速扩张，尤其是 2010—2020 年期间，城市扩张速度明显加快，滇池沿岸地区开发建设区域比例显著增加，势必增加区域生态环境压力。

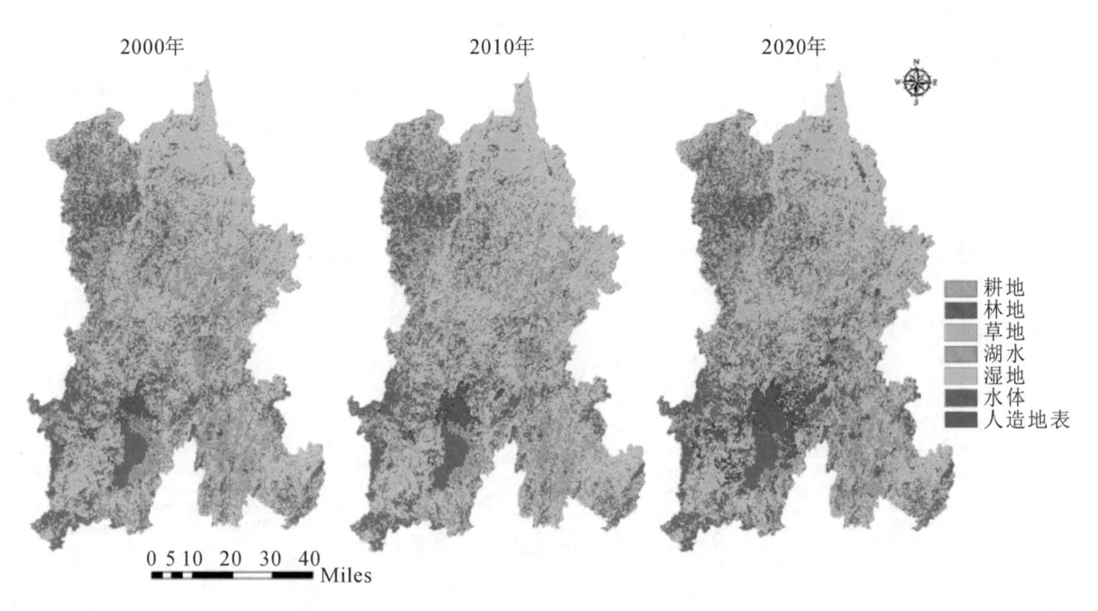

图 6-10　2000—2020 年昆明市土地覆盖变化图

6.4 小　　结

根据国家生态文明建设要求和云南主体功能区规划方案，昆明市为云南省国家级重点开发区，在发展经济的同时也要注重生态文明建设，提高人民生活的幸福感。必须严守耕地和林地红线，涵养水土、持续治理改善滇池水质。

本次实验采用 Landsat 8 OLI 多光谱数据对昆明市主城区 2013—2017 年植被覆盖情况、水体水质状况进行反演。通过多光谱影像所包含的光谱信息定性定量地反演了昆明市植被和水体的变化情况。在此基础上，利用国产 GlobeLand30 全球土地覆盖数据定量调查反演昆明全境 2000—2020 年土地覆盖类型变化转移矩阵。通过 GIS 和 RS 技术，对昆明自然资源变化情况进行初步了解，发现 2017 年后由于城市化进程加快，昆明市大量自然用地转为人造地表。

第7章
多源遥感在地质灾害风险普查中的应用研究

7.1 实验区域

云南东川区位于云南省的东北部，境内最高海拔 4344.1 米，最低海拔 695 米，高差 3649.1 米，每年平均降水量约为 1000.5 毫米，雨水主要集中在 5—9 月，月最大降雨量约为 208.3 毫米，日最大降雨量约为 153.3 毫米。由于东川区地处世界深大断裂带，地质侵蚀严重，形成了典型的高山深谷地貌，加上境内植被、土壤、气流、降雨等差异，使得这里的泥石流灾害发生十分频繁。东川区泥石流以类型齐全、分布广、活动频繁、爆发猛烈、危害严重、规模巨大而著称，是全国泥石流危害最严重的地区。东川区境内类型、规模不同的泥石流沟共有 330 条，对居民生命安全存在着直接性隐患的泥石流沟有 36 条，其中面积在 1 平方千米以上的泥石流沟有 69 条，面积在 1 平方千米以下的泥石流冲沟比比皆是，是受泥石流灾害严重的地区。实验区位置图如图 7-1 所示。

图 7-1　实验区位置图

7.2　实验数据和方法

7.2.1　实验数据

本次数据处理采用的是由欧洲航天局(European Space Agency,ESA)提供的 2020 年 1 月 11 日—2021 年 9 月 2 日 Sentinel-1A 降轨数据,共 31 景,实验选取 IW 模式 SLC 数据,极化方式为 VV,影像成像日期如表 7-1 所示。

表 7-1　Sentinel-1A 降轨影像成像日期

2020.01.11	2020.02.16	2020.03.11	2020.04.16	2020.05.10	2020.06.03
2020.06.15	2020.06.27	2020.07.09	2020.07.21	2020.08.02	2020.08.14
2020.08.26	2020.09.07	2020.09.19	2020.10.13	2020.11.18	2020.12.12
2021.01.17	2021.02.22	2021.03.18	2021.04.23	2021.05.17	2021.06.10
2021.06.22	2021.07.04	2021.07.16	2021.07.28	2021.08.09	2021.08.21
2021.09.02					

7.2.2　实验方法及步骤

本次实验主要采用时序 InSAR 技术对实验区进行监测研究,首先采用数字高程模型精确提供实验区域的高程数据,提高去平地结果的可靠性;其次利用高分辨率光学遥感影像对隐患区进行目视解译,结合时间序列进一步分析隐患区的具体形变情况,判断其对周围村庄和耕地的影响。

1. 高分辨率光学影像数据处理流程

(1) 图像精校正:采用几何模型配合常规控制点法对图像进行几何校正。在校正时利用地面控制点(GCP),通过坐标转换函数,把各控制点从地理空间投影到图像空间上去。几何校正的精度直接取决于地面控制点选取的精度、分布和数量。因此,地面控制点的选择必须满足一定的条件,即:地面控制点应当均匀地分布在图像内;地面控制点应当在图像上有明显的、精确的定位识别标志,以保证空间配准的精度;地面控制点要有一定的数量保证。地面控制点选好后,再选择不同的校正算子和插值法进行计算,同时,还应对地面控制点

(GCPS)进行误差分析,使得其精度满足要求。最后将校正好的图像与地形图进行对比,考察校正效果。

(2) 波段组合融合:对卫星数据的全色及多光谱波段进行融合。包括选取最佳波段,从多种分辨率融合方法中选取最佳方法进行全色波段和多光谱波段融合,使得图像既有高的空间分辨率和纹理特性,又有丰富的光谱信息,从而达到影像地图信息丰富、视觉效果好、质量高的目的。

(3) 图像镶嵌:对工作区跨多景图像进行图像镶嵌,获取整体图像。镶嵌时,除了对各景图像各自进行几何校正外,还需要在接边上进行局部的高精度几何配准处理,并且使用直方图匹配的方法对重叠区内的色调进行调整。当接边线选择好并完成了拼接后,还要对接边线两侧作进一步的局部平滑处理。

(4) 匀色:相邻图像,由于成像日期、系统处理条件可能有差异,不仅存在几何畸变问题,还存在辐射水平差异导致同名地物在相邻图像上的亮度值不一致问题。如果不进行色调调整就把这种图像镶嵌起来,即使几何配准的精度很高,重叠区复合得很好,但镶嵌后两边的影像色调差异明显,接缝线十分突出,既不美观,也影响对地物影像与专业信息的分析与识别,降低了应用效果。要求镶嵌完的数据色调基本无差异、美观。

(5) 地理配准:对经过增强处理的图像进行地理投影,叠加公里网和经纬度坐标,然后按工作区范围进行裁剪。

2. InSAR 技术方法级数据处理流程

详见第 5 章 5.2.2 节 SBAS-InSAR 技术的主要步骤。在此基础上加了数据精度评估。基于相干性精度对 SBAS-InSAR 监测结果进行精度评价。

$$\text{precision} = \sqrt{\frac{1-\gamma^2}{2\gamma^2} \times \frac{\lambda}{4\pi}} \tag{7-1}$$

式中:γ 为相干性系数,λ 为波长。精度评价值 precision 越小,相干性越好,测量精度越高。Sentinel 为 C 波段,波长为 5.6cm。由于 precision 为正值,所以将位移速率乘以 -1 后与其比较。图 7-2 显示了精度的分布与位移速率的绝对值的组合。红线右侧的点表示位移率大于精度值,这就意味着这些点是相对可靠的。根据精确度的密度分析,Sentinel 升轨、Sentinel 降轨置信区间为 80%的形变速率分别为 10mm/a,10mm/a。可以看出,位移速率超过 10mm/a、10mm/a 的像素点,分别形成 Sentinel 升轨、Sentinel 降轨合理的最小阈值。红线代表位移率和精度之间的相同值。蓝线表示在 80%置信水平下的位移形变速率。

3. 遥感数据融合处理流程

多源遥感数据融合是指多种空间分辨率、辐射分辨率、波谱分辨率和时间分辨率的遥感

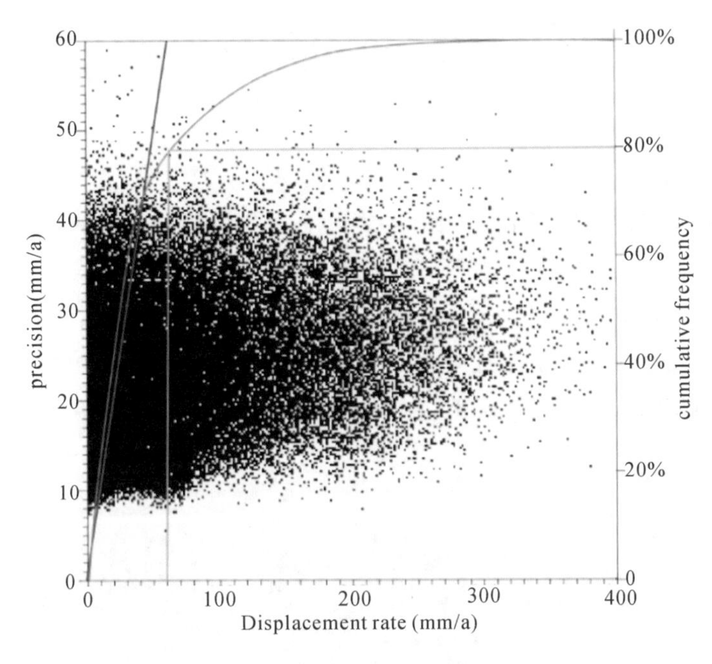

图 7-2　基于相干性计算的估计位移速率精度的比较

数据之间以及遥感数据和非遥感空间数据之间的信息进行多层次有机组合匹配的技术，包括空间几何配准和数据融合两方面，融合后的数据是一组新的空间信息和合成图像。遥感数据的融合方法主要有：HIS 变换、主成分变换、小波变换、神经网络法、聚类分析法、高通滤波法等，多源遥感数据融合的基本过程如图 7-3 所示，其主要目的概括为两方面：一是通过对来自多种传感器的数据进行处理，提高信息的丰富度以及图像的清晰度；二是通过对相同传感器系列数据进行处理，克服单一波段、单一时相对目标识别的不确定性，提高判读的精度。

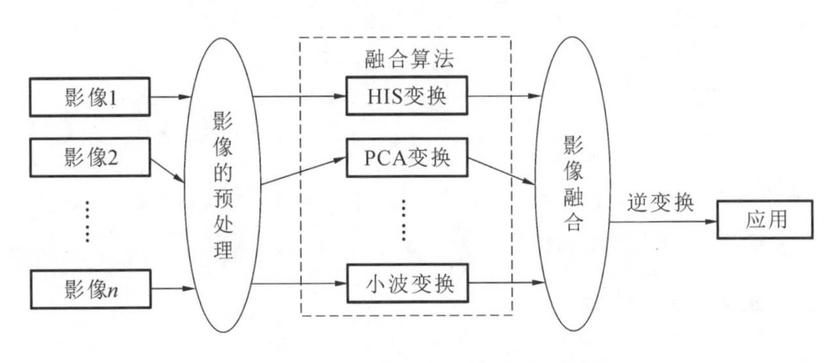

图 7-3　多源遥感影像融合过程

7.3 结果分析

本实验采用2020年1月11日—2021年9月2日Sentinel-1A的数据对研究区进行大范围的SBAS解算，得出的形变结果如图7-4所示。其中图中所表示的是2020年1月11日至2021年9月2日研究区的累计沉降量，图中正值表示抬升，负值表示沉降；监测结果表明，研究区的累积沉降量在−260～+300mm之间，从结果中识别出了两处形变量较大的区域，由于研究区多发育各种大小泥石流，为了能更好地分析这两处区域是否存在安全隐患，将这两个区域分别命名为A区和B区，其中A区位于金源乡附近，B区位于汤丹镇附近，然后进行详细研究。

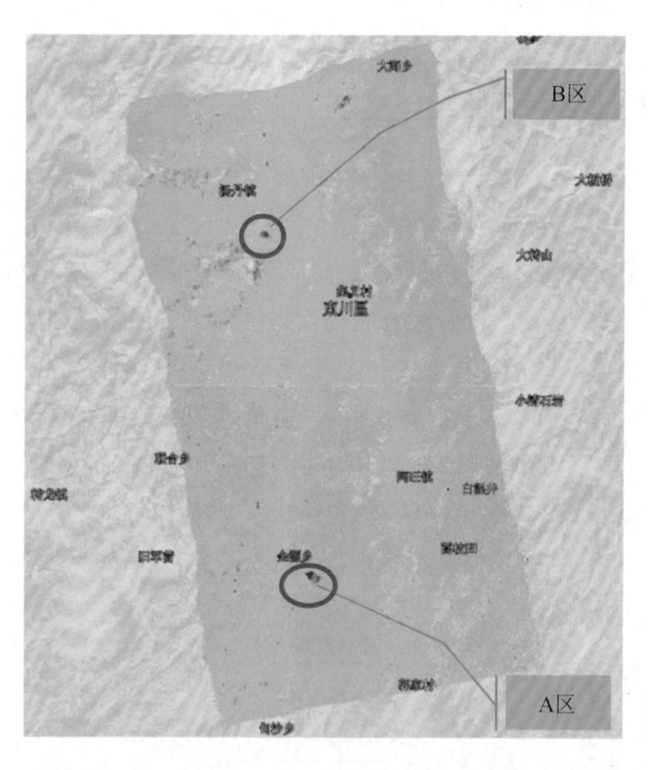

图7-4　实验区2020年1月11日—2021年9月2日累计沉降量图(mm)

1. A区监测结果分析

图7-5所示为A区的光学影像图和沉降图。主要形变区位于克基村东侧大约2km处

的山坡，此山坡上存在大量耕地，周围发育多处泥石流沟，一旦失稳下滑，山坡上的耕地必定遭到破坏，再加上土方量较大，下滑的巨大势能会冲毁山坡下方的村庄和耕地，严重威胁到了人们的生命财产安全。

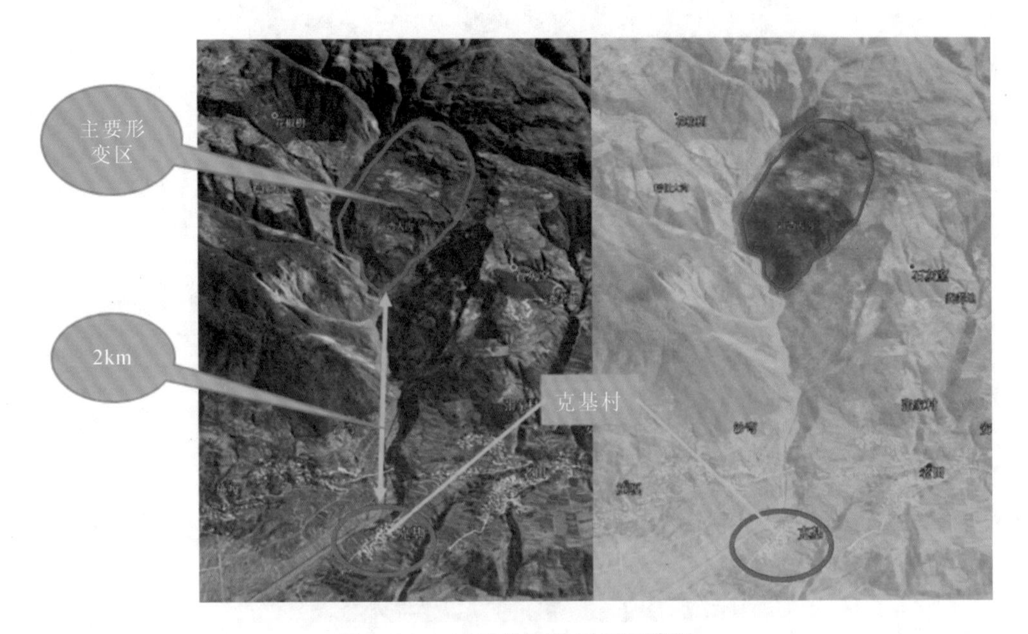

图 7-5　A 区光学影像图和沉降图

为了进一步了解形变情况，下面对 A 区的光学影像进行目视解译，并对其时空演化进行分析。图 7-6 所示为 A 区的光学影像图，标示其中 A1、A2、A3 三个区域。A1 区为主要形变区，A2 区为早期泥石流迹地，A3 区为山坡下方的克基村及泥石流的导流槽。A1 区的不稳定坡体为泥石流的启动提供了巨大的物源，构成泥石流的形成区；中部的泥石流沟构成了流通区，如图中箭头所示。由于坡体方量之大，且距离山下的村庄和耕地较近，携带巨大势能的泥石流会淹没导流槽，对山下的耕地和村庄造成一定的破坏。

图 7-7 为 A1 区的光学影像图，A1 区也是主要的形变区域。从图中可以看出，A1 区的坡体存在多条裂缝，坡体的两侧均发育有泥石流沟，其中北侧为主沟，南侧为支沟。坡体上面有大量耕地，植被覆盖较少，导致降雨时地表径流侵蚀作用增强，同时受两侧泥石流沟的长期切割侵蚀作用，沟岸发生小规模崩滑，坡脚和泥石流沟形成较大的临空面，致使坡体逐渐失稳发生形变，坡体后缘产生明显的错台，同时坡面产生多条水平方向的拉裂缝。据粗略统计，坡体上的耕地大约有 $6.67\times10^5 m^2$，坡体一旦失稳，将会造成巨大的财产损失，由于坡体方量较大，同时会对坡体下方的村庄和耕地造成巨大损害。

图 7-6　A 区光学影像图

图 7-7　A1 区光学影像图

图 7-8 为 A2 区的光学影像图，A2 区是早期的泥石流迹地。从图中可以看出，此处曾多次发生泥石流，沟谷横断面呈“V”形，沟坡坡度 30°～70°，局部形成陡壁，在支沟两侧堆积有碎石黏性土，分布有小型浅层滑坡，沟岸崩塌密布。由于较大的沟谷纵坡可为泥石流提供充沛的松散物源，且降雨为松散物源的启动提供了强力水动力条件，故此处具备了产生泥石流的必要条件。

图 7-8　A2 区光学影像图

图 7-9 为 A3 区的光学影像图，A3 区位于 A1 坡体下方大约 2km 处，图中红色箭头表示泥石流的运动方向。从图中可以看出，此处有三处村庄以及大量的耕地，中间有一条弯曲的人工泥石流导流槽。A1 区的坡体一旦失稳下滑，由于其方量较大且距离较短，冲下来的泥石流会携带巨大的动能，大量的泥石流会直接淹没导流槽，导流槽不足以支撑引流；再加上克基村的高度只比导流槽高 3～4m，受威胁最大的就是坡体正西侧 2km 处的克基村，据统计，克基村有 114 户，耕地总面积 $9.8\times10^4 m^2$，一旦发生泥石流，后果相当严重，村庄和耕地都将被冲毁，导流槽两侧的部分村庄和耕地也会被冲毁。

下面对 A1 区的累计沉降量做时空演化，在 A1 区选取 A11、A12 两点做时序分析（图 7-10），来进一步探究其形变过程。

图 7-9　A3 区光学影像图

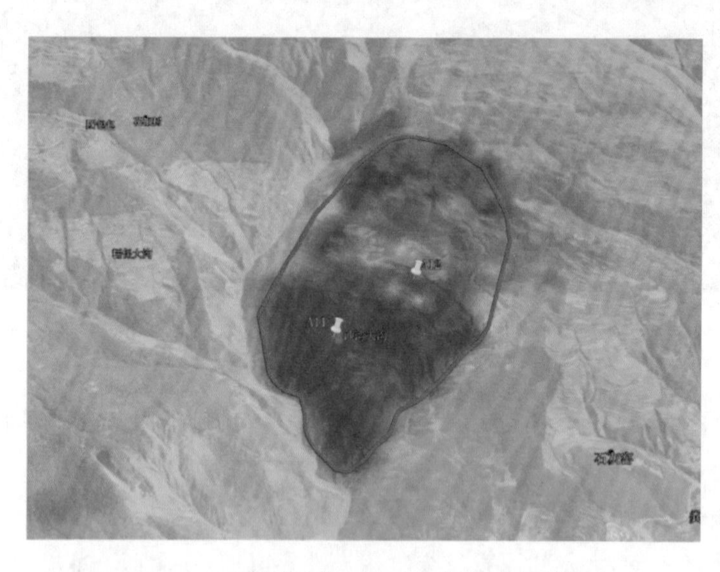

图 7-10　A1 区沉降图(A11、A12 为选取的时序点)

图 7-11 为 A1 区 2020 年 1 月 11 日至 2021 年 9 月 2 日的累计沉降量时空演化图,从图中可以明显看出 A1 区的累计沉降量在随着时间不断增大,2020 年 10 月 13 日之前,坡体的沉降范围主要集中在坡体的前中部,10 月 13 日之后沉降范围逐渐扩散到整个坡面;从 2020 年 12 月 12 日至 2021 年 2 月 22 日,坡体的形变有明显的加速,沉降区域由浅蓝色变为深蓝色,之后沉降量趋于缓慢增加的趋势。

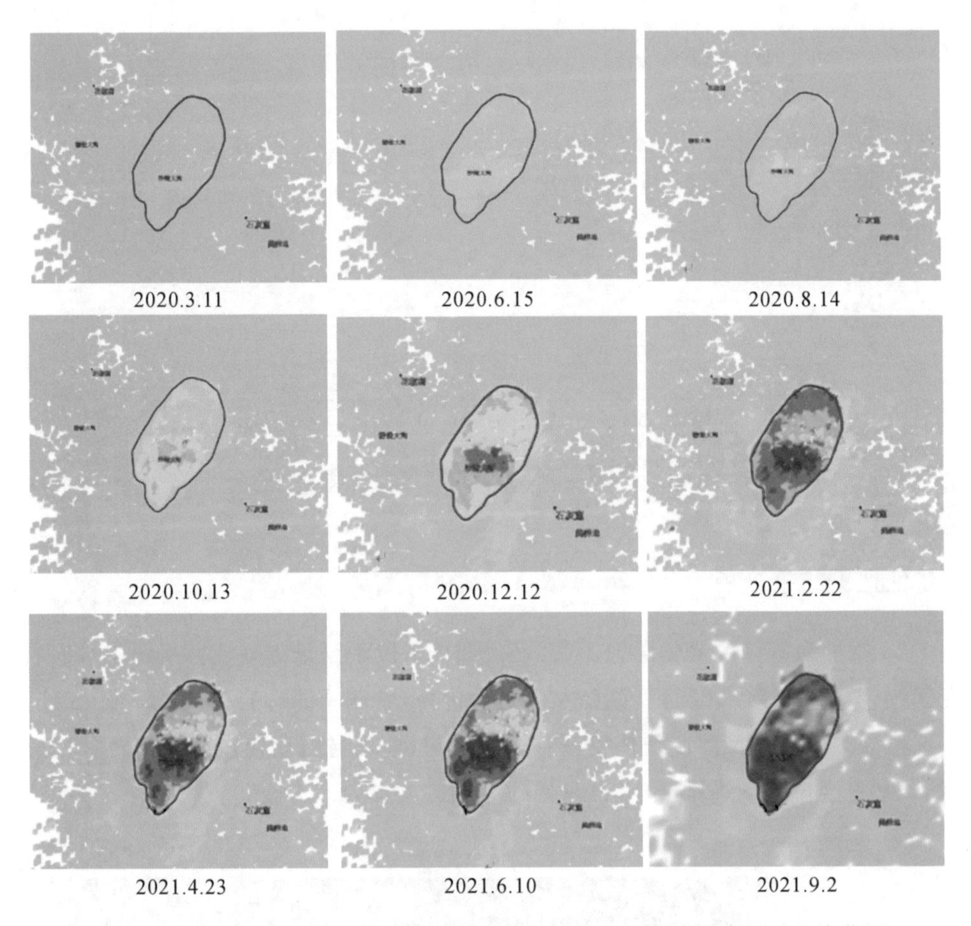

图 7-11　A1 区 2020 年 1 月 11 日—2021 年 9 月 2 日累计沉降量时空演化图

为了获取坡体的具体形变值及变化趋势，在坡体上选取了 A11、A12 两点做时序分析(图 7-12)。从 2021 年 1 月 11 日至 2021 年 9 月 2 日，A11 点和 A12 点的形变趋势完全相同，均处于先平缓后加速再平缓的走势；截至 2021 年 9 月 2 日，A11 的累计沉降量为－165mm，A12 的累计沉降量为－230mm，其中 A11 位于坡体前缘，A12 位于坡体的中部。从时序图中同样可以看出，从 2020 年 7、8 月开始形变开始加速，A11、A12 均呈线性下沉，截至 2020 年 12 月，A11 和 A12 的累计沉降量分别达到了－90mm 和－150mm。

通过对 A1 区坡体的时空演化过程和时序进行分析，可以看到 A1 坡体从 2020 年 1 月到现在处于不断沉降的趋势。考虑到其周围的地质具备了产生泥石流的必要条件，之前发生过多次泥石流，判断 A1 坡体存在失稳的可能性。一旦失稳下滑，首先山坡上的耕地必定会遭到破坏，其次会冲毁山坡下方的村庄和耕地，其中克基村受影响将会最大。故应重点关注此区域，加强持续监测，了解后续形变动态，以保障人们的生命财产安全。

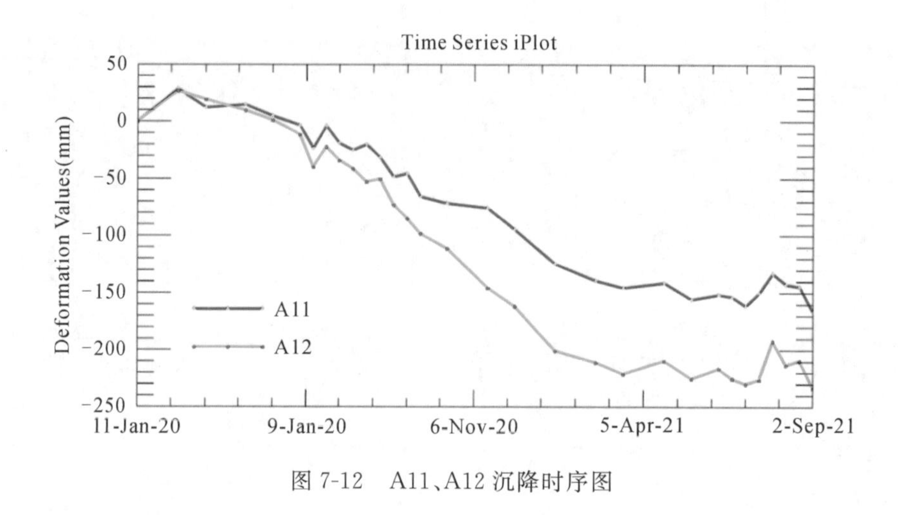

图 7-12　A11、A12 沉降时序图

2. B 区监测结果分析

图 7-13 所示为 B 区的光学影像图和沉降图，B 区位于汤丹镇附近。从图中可以看出，主要形变区位于包包村旁 300m 处，该处左侧是包包村，右侧紧邻滑岩村，坡下 400m 处是普岔河村。该形变区的坡体及周围坡体发育有多条冲沟，坡顶与山顶存在巨大错台，一旦此坡体失稳下滑，必定会影响到周围村庄，严重威胁人们的生命财产安全。

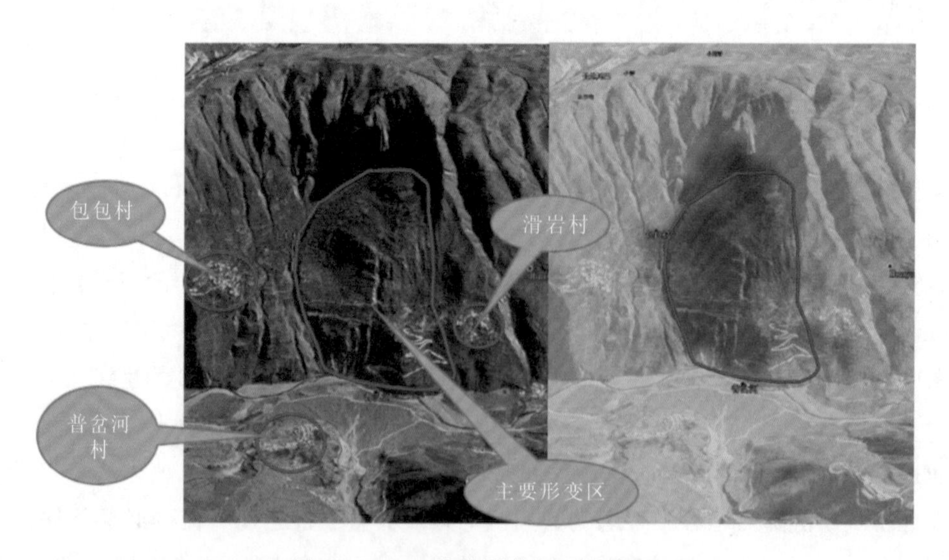

图 7-13　B 区光学影像图和沉降图

为了进一步了解其具体形变情况，对 B 区域的光学影像进行目视解译，并对其时序曲线

进行分析。图 7-14 所示为 B 区域的光学影像图，为了对该区域进行更详细的分析，我们将其分为 B1、B2、B3 三个区域。其中 B1 区为形变坡体与山顶的交界处，B2 区为紧邻形变区的滑岩村，B3 区为坡体下方的普岔河村。从图中可以看出，监测到形变的坡体一旦失稳下滑，受直接影响的是坡体右侧的滑岩村，滑坡会带动村庄下滑；其次受影响最大的是下方的普岔河村，由于坡体方量较大，且坡脚距离普岔河村仅有 400m，携带巨大势能的滑坡会直接冲毁下方村庄，造成巨大损失。下面分别对 B1、B2、B3 三个区域进行详细的分析。

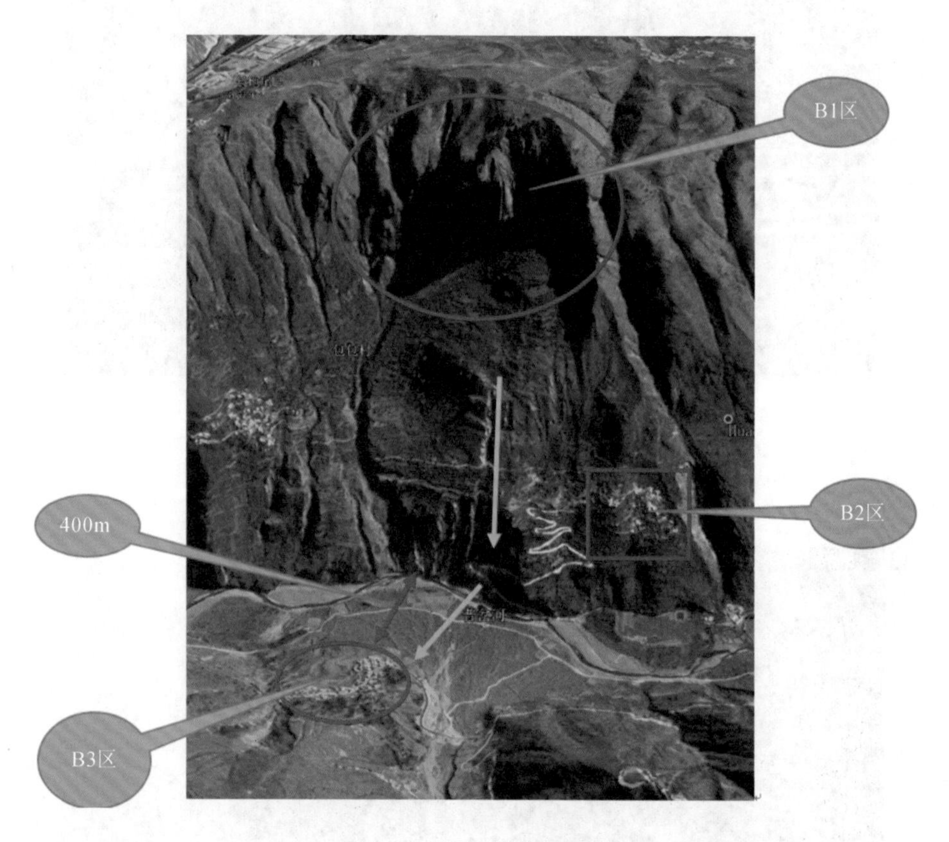

图 7-14　B 区光学影像图

图 7-15 为 B1 区的光学影像图，B1 区是形变坡体的坡顶与山顶的交界处。从图中可以看出，B1 区的坡顶与山顶之间形成了一个较大的临空面，错台高度大约有 300m，且坡顶边界的形状与山顶临空面边界的形状相似，如图 7-15 所示，可以判断此处为一个古滑坡体。山顶多为耕地，植被覆盖较少，降雨时地表径流作用增强，雨水顺着坡体下流，坡面长时间受雨水冲刷侵蚀作用，形成多条纵向冲沟，故此处为古滑坡的复活提供了充足的条件，形变区域的坡体存在失稳的可能性。

图 7-16 为 B2 区的光学影像图，B2 区为滑岩村，大约有 50 户，滑岩村紧邻形变区坡体，

村庄下方还有少数耕地。村庄左侧的古滑坡坡体一旦失稳下滑，会严重影响到村庄的安全。

图 7-15　B1 区光学影像图

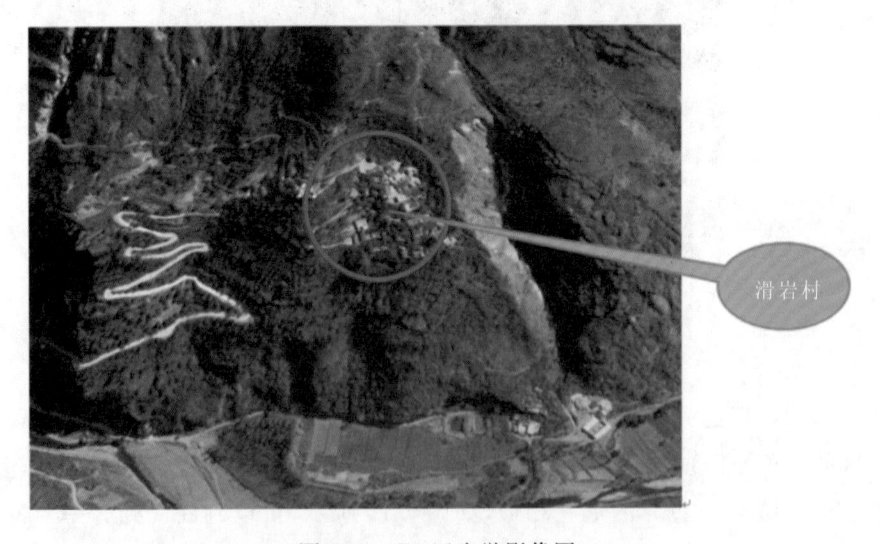

图 7-16　B2 区光学影像图

图 7-17 为 B3 区的光学影像图，B3 区为普岔河村，位于形变坡体下方，普岔河村大约有 100 户，耕地 $1.33\times10^5\text{m}^2$ 左右。从图中可以看出，普岔河村距坡脚仅有 400m，滑坡体的面

积大约有 0.72km²,一旦下滑将产生巨大的土石方量,坡体携带巨大的势能势必会冲没普岔河村,造成巨大损失。

图 7-17　B3 区光学影像图

为了进一步了解 B 区形变坡体的情况,获取坡体的具体形变值及变化趋势,在坡体上选取了 B11、B12 两点做时序分析,如图 7-18 所示。

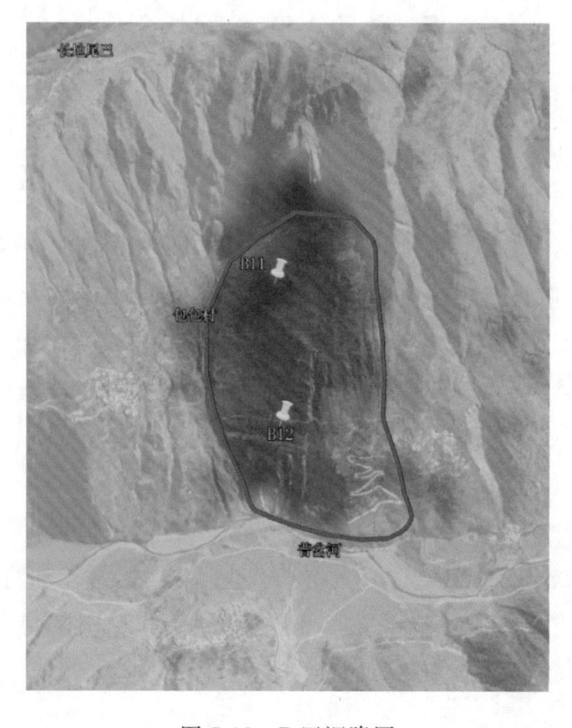

图 7-18　B 区沉降图

从时序图 7-19 中可以看出，从 2020 年 1 月 11 日至 2021 年 9 月 2 日，B11 和 B12 点的形变趋势完全相同且较为均匀，均处于持续缓慢沉降的走势；截至 2021 年 9 月 2 日，B11 的累计沉降量为－120mm，B12 的累计沉降量为－165mm，其中 B11 位于坡体后缘，B12 位于坡体前缘。此形变坡体两年间整体形变量较大，且在 2021 年 9 月 2 日仍处于线性沉降的趋势，9 月 2 日之后的形变情况未知，故此古滑坡体存在复活的危险性。一旦此滑坡体复活，拥有巨大方量的坡体会严重影响到周围的村庄，尤其是普岔河村，故应重点关注此坡体后续的形变趋势，加强持续监测，保障人们的生命财产安全。

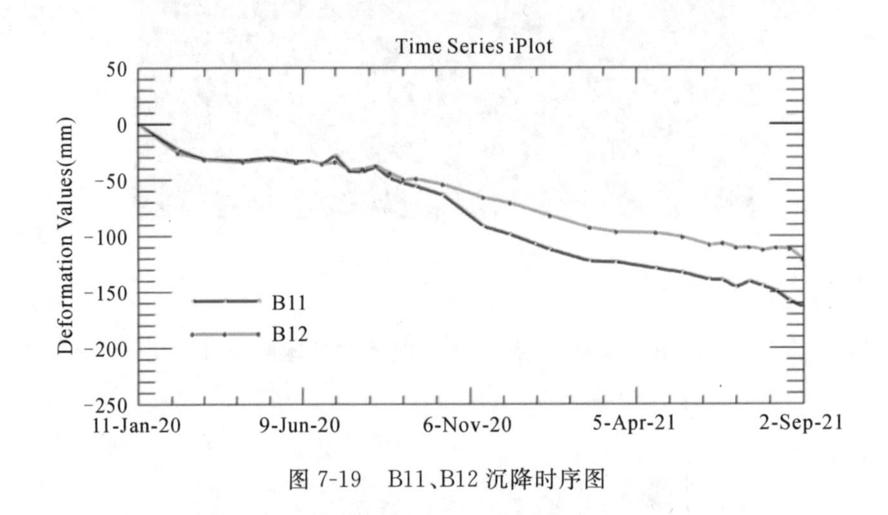

图 7-19　B11、B12 沉降时序图

本实验采用 Sentinel-1A、SRTM 30m 分辨率的数字高程模型及高分辨率光学遥感影像数据对云南省东川区地表进行大范围形变监测，结果发现了两处形变量较大的区域，并对这两处区域进行了进一步的分析研究。

研究结果表明：①A 区域的形变坡体在近两年中处于不断沉降的趋势，整体形变量较大，考虑到其周围的地质具备了产生泥石流的必要条件，加上之前发生过多次泥石流，判断 A 区形变坡体存在失稳的可能性。一旦失稳下滑，会严重破坏村庄和耕地，其中克基村受影响将会最大。②B 区域的形变坡体为古滑坡体，两年中的整体沉降量较大，且处于持续沉降的趋势，结合周围的地质条件判断此古滑坡体存在复活的可能性。一旦滑坡体复活，会严重破坏普岔河村和滑岩村。

本实验区地质条件较为特殊和复杂，多发滑坡、泥石流等地质灾害。形变区一旦失稳，轻则冲毁房屋、道路和农田，重则造成人员伤亡。地质灾害的普查和防治工作可以避免和减少灾害造成的损失。进一步提高监测预报和应急能力，对维护社会稳定、保障生态环境、促进国民经济和社会可持续发展具有重要的意义。

7.4 小　　结

昆明市东川区境内泥石流分布广、活动频繁、爆发猛烈、危害严重、类型齐全，是全国泥石流灾害发生最频繁的地区之一。区内泥石流灾害的发生，轻则冲毁道路，影响正常的交通，重则毁坏建筑，造成人员的失踪和伤亡。为了防止重大灾害的发生，应对其进行早期识别与监测预警。由于监测面积过大，传统手段往往难以满足监测需求。本研究采用的 InSAR 技术具有覆盖范围广、空间分辨率高、全天时、全天候、高精度、无需地面控制点以及无需测量人员进实地等优势，兼顾面观测、穿透性、主动式遥感的数据获取手段，在山体滑坡监测方面表现出较好的应用前景。实验结果具有一定的科学性和实用性，可对地质灾害的普查和防治工作提供技术指导。进一步提高监测预报和应急能力，对维护社会稳定，保障生态环境、促进国民经济和社会可持续发展具有重要的意义。

第8章 多源遥感在矿山开采超采越界监测监管中的应用研究

8.1 实验区域

研究区位于云南省昆明市境内。该区域位置如图 8-1、图 8-2 所示。

图 8-1 露天矿区研究区域图

图 8-2　地下矿区研究区域图

8.2　实验数据和方法

8.2.1　实验数据

本次实验光学遥感数据主要采用 WorldView-2，SAR 数据主要采用 Sentinel-1A，高程数据主要采用 SRTM。

WorldView 是 DigitalGlobe 公司的下一代商业成像卫星系统。它由三颗（WorldView-1、WorldView-2 和 WorldView-3）卫星组成。本次实验主要采用 WorldView-2 卫星数据，WorldView-2 于 2009 年 10 月 6 日发射升空，运行在 770km 高的太阳同步轨道上。更高的轨道带来了更短的重访周期和更好的拍摄机动性。作为 DigitalGlobe 公司当时最先进的遥感卫星，它同样使用了控制力矩陀螺技术，这项高性能技术可以提供多达 10 倍以上的加速度的姿态控制操作，从而可以更精确地瞄准和扫描目标。卫星的旋转速度可从 QuickBird 的 60s 减少至 9s，星下摆动距离达 200km。除了更快速的采集和更高的精度，WorldView-2 还是第一颗具有八波段多光谱的高分辨率遥感卫星，它不但具有传统遥感卫星的 4 个多光谱波段，还新增加了海岸线、黄、红边和近红外 2 波段，可以看出，相对于 QuickBird 这类早期的卫星，WorldView-2 波段覆盖更精细与完善，这给遥感的精细化带来了很多可喜的变化和进步。

哨兵 1 号（Sentinel-1A）卫星是欧洲航天局哥白尼全球对地观测项目研制的首颗卫星，它具有全天时、全天候的特点。Sentinel-1A 卫星以 C 波段为运行波段，具有双极化且重访周期短的优势，其轨道高度约为 700km，重访周期可达 12 天，可实现全球高分辨率监测，也能完成同一地区的长时间序列监测。哨兵 1 号(Sentinel-1)卫星由 A、B 卫星组成。Sentinel-1A 提供在所有天气条件下中等和高分辨率的成像,提供干涉宽带(Interferometric Wide Swath,IW)、条带模式(Stripmap Mode,SM)、超幅宽模式(Extra-Wide Swath Mode,EWS)以及波模式(Wave)四种工作模式。

本次数据处理实验选取 IW 模式 SLC 数据,极化方式为 VV,影像成像日期如表 8-1 所示。

表 8-1 Sentinel-1A 降轨影像成像日期

2020.01.11	2021.01.05
2020.02.04	2021.01.29
2020.04.04	2021.03.07
2020.05.10	2021.03.30
2020.06.03	2021.05.05
2020.07.09	2021.06.10
2020.08.02	2021.07.04
2020.09.07	2021.08.09
2020.10.01	
2020.11.06	
2020.12.12	

SRTM 数据主要是由美国太空总署(NASA)和国防部国家测绘局(NIMA)联合测量提供的,SRTM 的全称是 Shuttle Radar Topography Mission,即航天飞机雷达地形测绘任务。SRTM 地形数据按精度可以分为 SRTM1 和 SRTM3,分别对应的分辨率精度为 30m 和 90m(目前公开的为 90m 分辨率的数据)。此数据产品 2003 年开始公开发布,经多次修订,目前的数据修订版本为 V4.1。本次实验采用 SRTM V3.0 版本的 DEM 数据。

8.2.2 实验方法及步骤

高分辨率光学影像数据、SAR 影像数据处理和遥感数据融合处理等相关操作流程见第 7 章 7.2.2 节,考虑篇幅,不再赘述。

本次技术方法对地上开采区主要采用光学遥感数据结合矿权数据进行目视解译分析,对地下开采区利用 InSAR 技术结合该地区相关光学遥感影像进行综合分析。

8.3 结果分析

8.3.1 地表露天开采矿区超采越界遥感监测结果综合分析

本研究采用大范围的筛查，选取了可能存在超采越界的三处露天采区作重点分析，如图 8-3 所示。

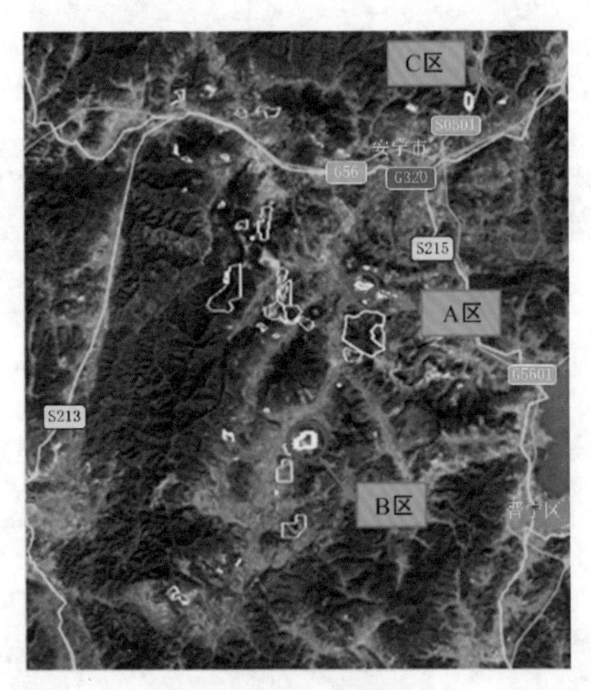

图 8-3 研究区域整体图

1. A 区多源遥感监测结果分析

利用光学遥感卫星获得的影像结合矿权坐标进行目视解译工作。主要选取 2018 年、2019 年及 2020 年三幅光学遥感影像，如图 8-4 所示，其中黑色框线代表矿权区域，在红色框区域内，可对比三年的变化情况。自 2019 年 1 月之后，地表覆盖植被逐年减少，到 2020 年 5 月地表覆盖植被减少大约一半，到 2021 年 2 月影像上显示该区域植被消失，对三年中疑似超采地区面积取平均值，平均面积约为 0.1158km^2。

根据上述分析，该区域存在超采越界的现象，后续应借助无人机等技术进行实地检测，确定具体超采情况。

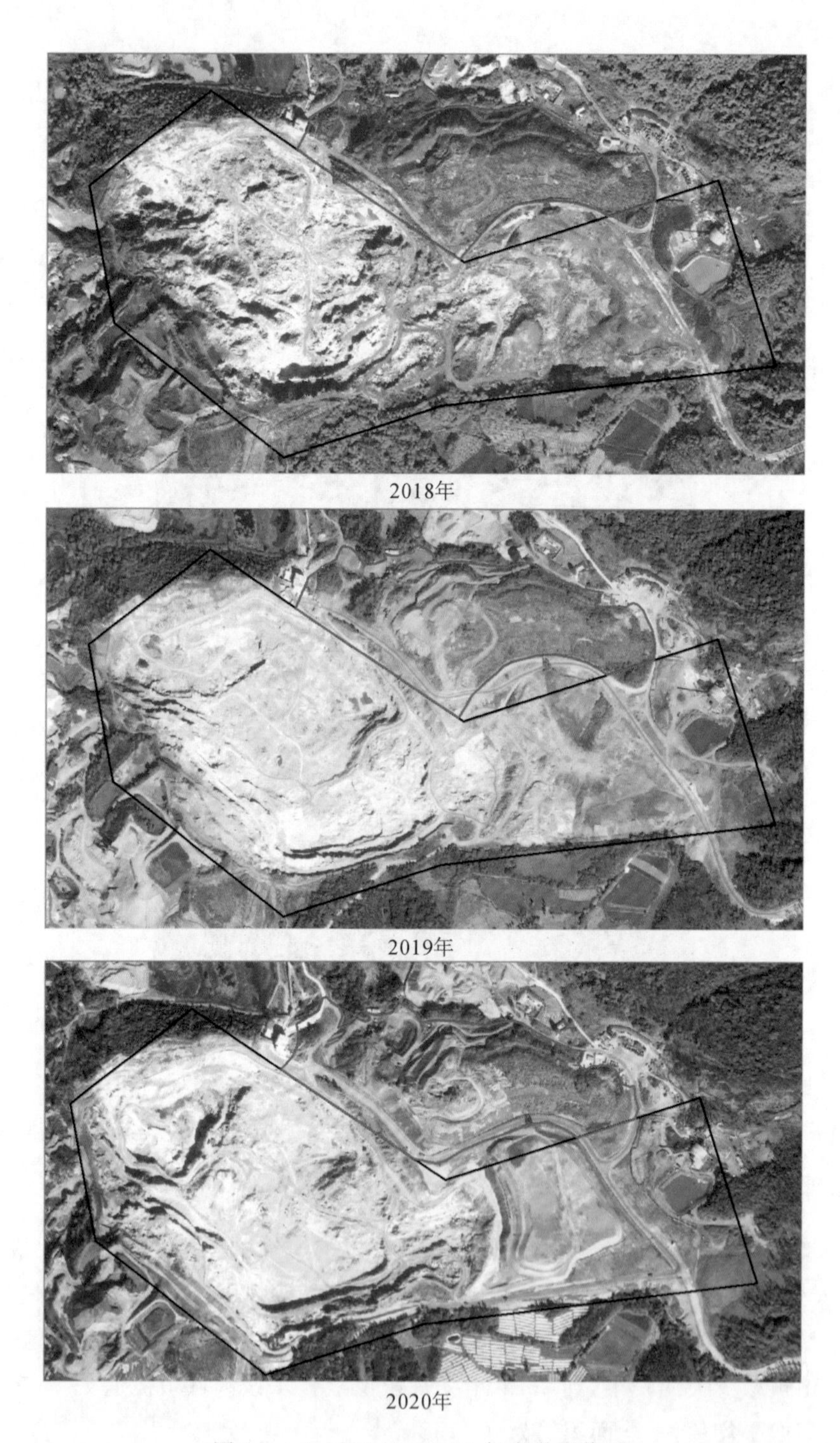

图 8-4　A 区 2018—2020 年光学影像图

2. B 区遥感监测结果分析

利用光学遥感卫星影像进行目视解译工作，对 B 区域进行超采研判。主要选取 2018 年、2019 年及 2020 年三幅光学遥感影像，如图 8-5 所示，其中黑色框线代表矿权区域，在红色框区域内，可对比三年的变化情况。2018—2020 年，该区域内坡体褶皱数量明显增多，并且随着挖掘的进行，该坡体出现阴影部分，阴影部分的面积也在逐年增加，对三年中疑似超采地区面积取平均值，平均面积约为 0.3902km^2。

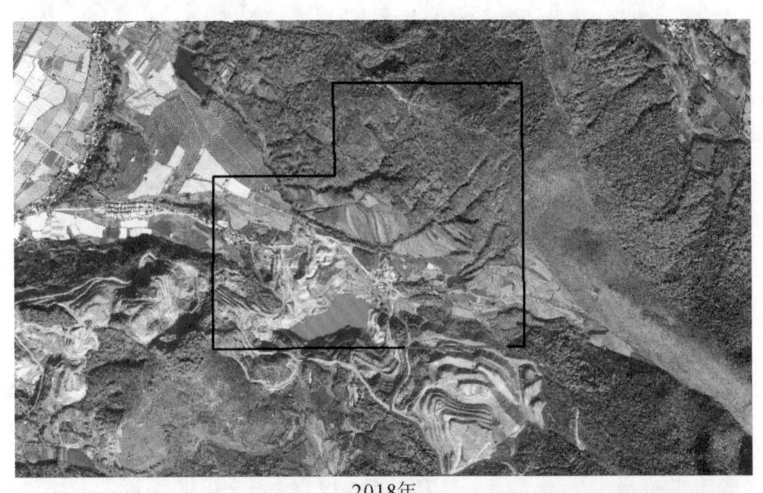

2018年

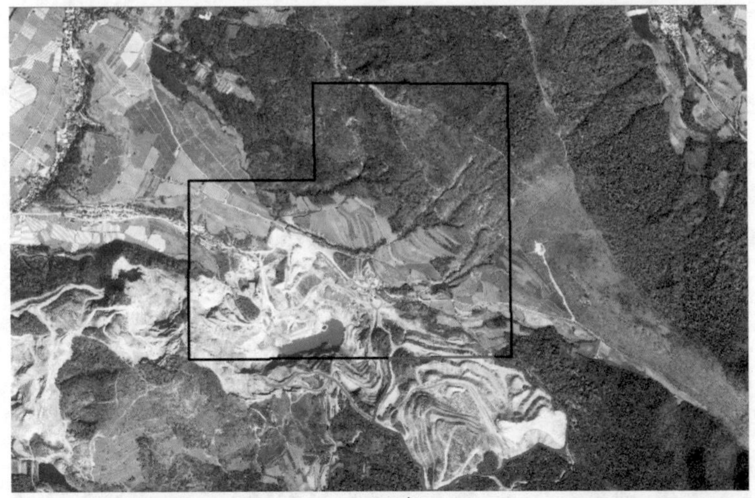

2019年

图 8-5　B 区 2018—2020 年光学影像图(1)

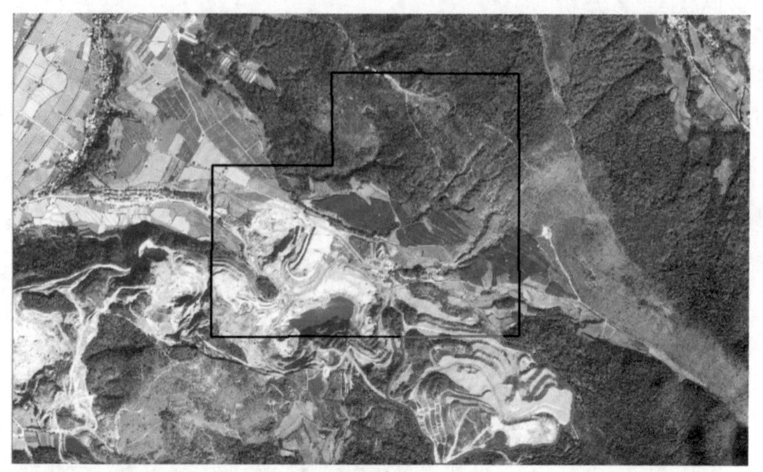

2020年

图 8-5　B 区 2018—2020 年光学影像图(2)

3. C 区遥感监测结果分析

利用光学遥感卫星影像进行目视解译工作，对 C 区进行超采研判。主要选取 2018 年、2019 年及 2020 年三幅光学遥感影像，如图 8-6 所示，其中黑色框线代表矿权范围，在红色框区域内，可对比三年的变化情况。2018—2020 年，该区域内基坑深度有所增加，边坡的褶皱数量增加，且基坑上沿矿权范围之外也发现一定的地表破坏痕迹，对三年中疑似超采地区面积取平均值，平均面积约为 0.1023km^2。

2018年

图 8-6　C 区 2018—2020 年光学影像图(1)

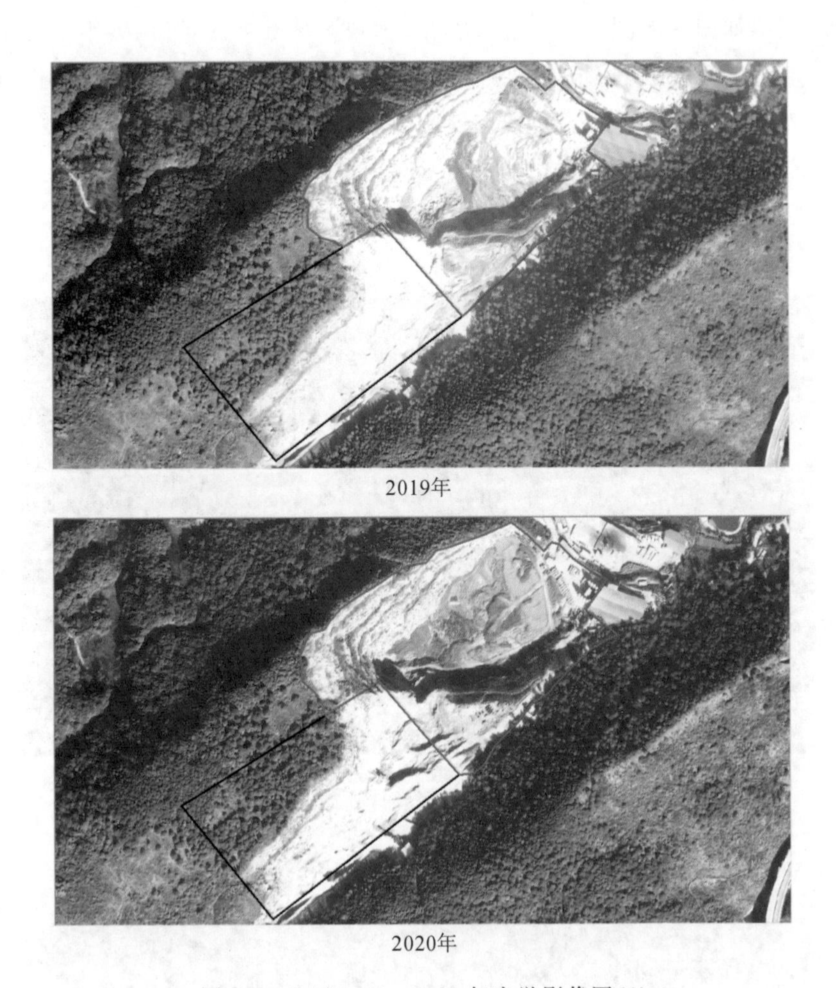

图 8-6　C 区 2018—2020 年光学影像图(2)

8.3.2　地下开采矿区超采越界监测结果综合分析

1. D 区多源遥感监测结果分析

根据图 8-7 所示，对 D 区整体图像进行目视解译，发现 D 区该矿存在超采越界的嫌疑，通过对图 8-8 的观察，并结合 D 区的沉降值情况，D 区中 D1、D2 两块区域及其周边沉降值达到－14.378～－51.930mm，其余区域周边地质情况较为平稳。出现沉降区域为矿权界限外区域，故判断该区域可能存在超采越界的情况，仍须结合光学遥感影像做进一步的分析。

根据 InSAR 结合 SRTM DEM 计算发现的 D 区周边存疑区域，利用光学遥感卫星影像进行目视解译工作，结合重点沉降区域进行超采研判。主要选取两块区域 2019 年及 2021

年光学遥感影像，如图 8-9、图 8-10 左边 D1、D2 两块区域红框内，对比近年来变化情况。在 2019—2021 年，D1 区红框内边坡的褶皱数量增加，边坡边缘内收且平整度上升。D2 区红框内地表存在较为明显的变化，出现新基坑及阴影，且在新基坑周围发现一定地表破坏痕迹。结合沉降情况，由于红框区域内的开采行为，导致该区域有较大沉降现象发生，同时随着开采挖掘的深入，光学遥感影像显示出现新的阴影。

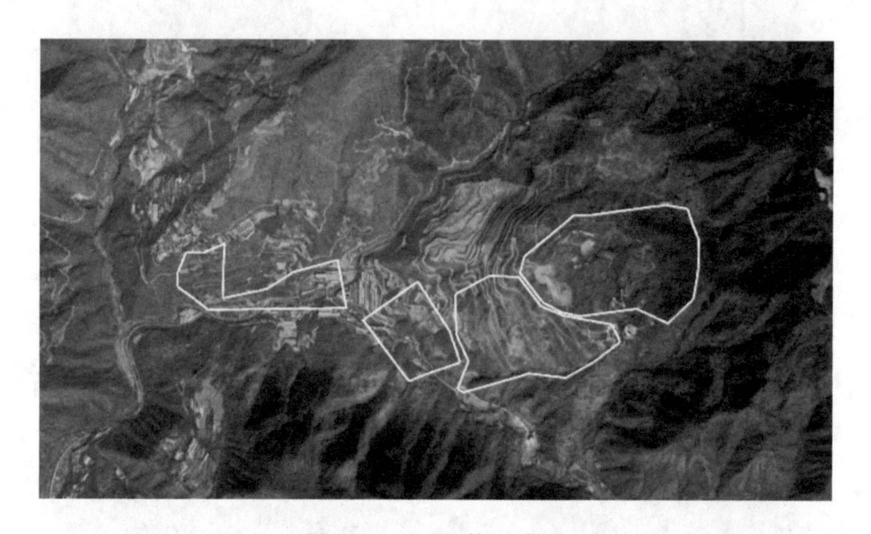

图 8-7　D 区整体遥感图

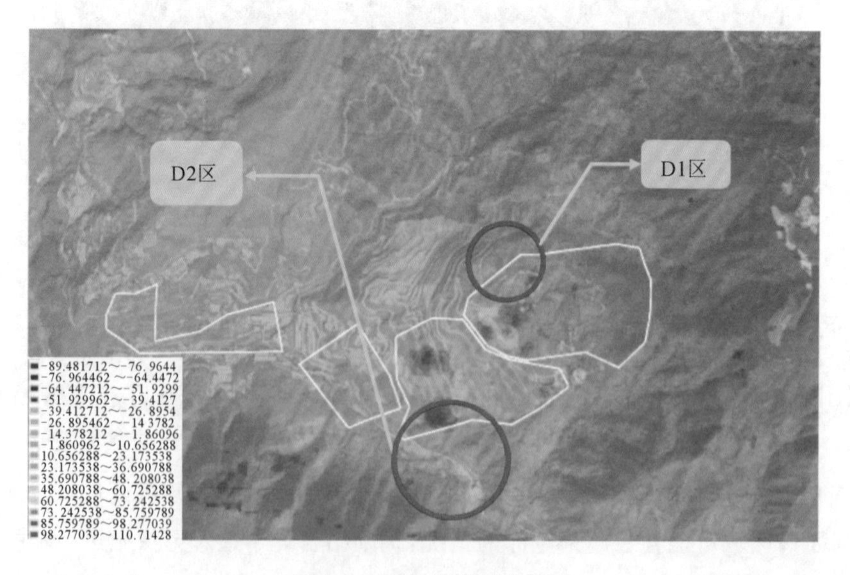

图 8-8　D 区整体沉降图

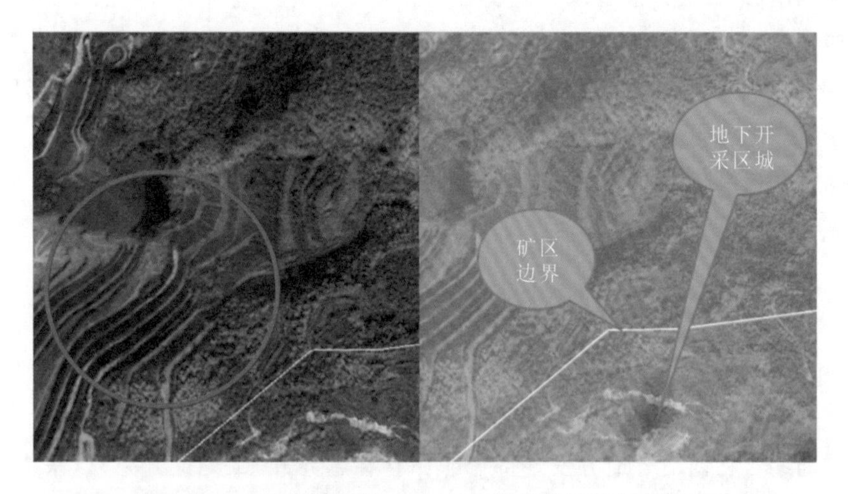

图 8-9　D1 区存疑区域 2019 年光学影像图及沉降情况

图 8-10　D2 区存疑区域 2019 年光学影像图及沉降情况

2. 地下开采超采越界监测的使用范围和局限性

基于多源遥感技术进行的地下矿超采越界情况分析，主要适用于矿物稳定性较差的浅层地下矿开采。例如地下开采煤矿，利用 InSAR 计算后得到的沉降情况较大，利用光学遥感影像会清晰地发现地表塌陷等情况。在较为稳定的地下金属矿超采越界探究中，特别是开采深度较大的矿井，虽会出现沉降情况，但由于缺乏采动与地表关系情况的探究，无法确定沉降的主要成因，且利用光学影像观察并无明显变化。

本次实验利用哨兵 1A、WorldView-2、SRTM V3. 0DEM 数据，对昆明市某矿区进行超采越界监测,并选取3处地表开采、1处地下开采矿区进行探究。分析表明:三处地表开采区存在较为明显的超采越界现象,后续需要现场实地观测确定具体的超采面积。地下矿采区利用InSAR和SRTM V3.0DEM数据进行可能超采区域筛查,然后对比光学影像。沉降区域利用光学遥感影像发现部分变化情况,但变化情况不够明显,且地表存在部分人为因素影响。为判断其具体超采情况,后续应探究采动与地表之间的耦合关系,并进行相应的实地观测。

8.4 小　　结

昆明市前些年在西山等地方发现部分矿山存在越界开采、无证开采、以采代探、擅自改变开采矿种等多种违法行为。传统的矿产资源越界开采主要通过地方国土资源局逐级统计上报和群众举报,数据真实性不高,效率低下。遥感技术在矿产资源监测调查领域中的运用,为矿产资源调查与监测提供了方便、快捷、高效的数据支撑。

矿区开采方式通常采用地表露天开采和地下开采两种,本研究分别采用不同的影像数据有针对性地进行分析研究。对地表露天开采,以高分辨光学遥感卫星叠加矿权进行识别和分析;对地下开采,分析高分辨率光学遥感影像,融合时序InSAR数据,对地下开采引起的地表沉降进行监测,分析其超采越界的可能性。本实验首先采用大范围的筛查,选取了可能存在超采越界的三处露天采区和一处地下矿采区进行重点监测分析。分析采区及周边区域监测结果,判断该区域内的超采越界情况。但需注意的是,基于多源遥感技术进行地下矿超采越界情况分析时,主要适用于浅层地下矿开采,且受矿物的稳定性影响较大。在较为稳定的地下金属矿,特别是开采深度较大的矿井的超采越界探究中,由于缺乏采动与地表关系情况的探究,无法确定沉降的主要成因。在深层地下开采且矿物的稳定性较好的超采越界中,应用遥感技术监测仍需要进一步探究。

第9章 多源遥感在泥石流检测识别及治理中的应用研究

9.1 实验区域

研究区位于云南省东北部，昆明市最北端，东与会泽县接壤，南与寻甸县相接，西与禄劝县相靠，北与四川省会东县和会理市隔金沙江相望，介于102°47′E—103°18′E、25°57′N—26°32′N，国土面积约为1865km²（图9-1）。研究区属于亚热带季风气候区，由于独特的地形影响，导致该区域形成独特的山区立体气候。研究区内沟谷纵横，地形复杂多样，由南流向北的小江将其分为东西两侧，东侧最高峰高度为4017.3m，西侧最高峰高度为4344.1m，同时这也是滇中地区的最高峰，区域内海拔最低点为小江与金沙江汇流处，为695m，研究区高差达到3649.1m。多期活动的小江断裂带由北向南贯穿整个研究区，复杂的地形条件和地质条件在该地区地质灾害中起着重要的作用。研究区拥有两千多年的铜矿开采历史，长期的

图9-1 实验区地理区位图

伐木炼铜、过度垦殖等人类活动造成植被覆盖率较低。独特的气候、地形条件以及人类活动等因素造成整个研究区地质灾害频发，包括泥石流、滑坡等。其中，泥石流灾害最为严重，主要分布于小江流域和金沙江流域，素有“世界泥石流天然博物馆”之称。

9.2 实验数据及方法

9.2.1 实验数据

本实验所使用的多源数据主要包括高分二号(GF-2)全色多光谱影像数据、谷歌卫星影像数据、使用DEM数据处理得到地形地貌类数据、从全国气象站日值数据获取的会泽站、昆明站和宜良站降雨量数据，从地理空间数据云平台上获取的空间分辨率为30m的Landsat 8 OLI卫星影像计算得到的植被覆盖数据，从东川区全国第三次国土调查初步成果数据中提取的人类工程活动和水系数据。本次实验所用到的数据源见表9-1。

表9-1　主要数据来源

数据名称	数据尺度	数据时相	数据来源
高分二号卫星影像	1.04m	2017.10	云南省高分中心
谷歌卫星影像	1.07m	2020.10	SAS Planet 地图下载器
Landsat 8 卫星影像	30m×30m	2020.7	https://www.gscloud.cn/
DEM 数据	30m×30m	2020	https:// earthquake.usgs.gov/
坡度、坡向、TWI、平面曲率、剖面曲率	30m×30m	2020	经过DEM数据处理得到
降水量数据	30m×30m	2020	中国气象数据网(http://data.cma.cn/site)
道路、水系和土地利用类型数据	—	2020	东川区第三次全国国土调查初步数据
断层、地层岩性数据	1∶20000	—	中国科学院数据网站(http://www.resdc.cn/)
归一化植被指数(NDVI)	30m×30m	2020.7	Landsat 8 影像处理得到

1. Landsat 8 OLI 多光谱数据

Landsat 8 卫星是 2013 年 2 月发射的。Landsat 8 OLI 陆地成像仪不同于哨兵数据有两个传感器，Landsat 8 卫星影像数据共有 8 个空间分辨率为 30m 的多光谱波段和一个空间分辨率为 15m 的全色波段。卫星的时间分辨率是 16 天。Landsat 8 比 Landsat 7 遥感影像增加了 2 个波段——深蓝波段和短波波段，可以用于对海岸带的气溶胶观测或者用于观测卷云。同时 Landsat 8 收窄了全色波段和近红外波段的光谱范围，辐射分辨率增加了 4bit，接收光谱信号的最小辐射度差值增加，影像的灰度量化等级和信噪比都有所提高。相较于传统的陆地卫星只能获取到卫星轨道下方两侧一定宽度的遥感影像，Landsat 8 卫星灵活性更强，对深入获取并研究多时相卫星遥感影像有重要帮助。Landsat 8 OLI 遥感影像波段信息见表 9-2。

表 9-2　Landsat 8 OLI 遥感影像波段信息

波段序号	波段名	信噪比	空间分辨率/m	波长范围/nm
1	Coastal(海岸波段)	130	30	0.43～0.45
2	Blue(蓝波段)	130	30	0.45～0.51
3	Green(绿波段)	100	30	0.53～0.59
4	Red(红波段)	90	30	0.64～0.67
5	NIR(近红外波段)	90	30	0.85～0.88
6	SWIR 1(短波红外 1)	100	30	1.57～1.65
7	SWIR 2(短波红外 2)	100	30	2.11～2.69
8	Pan(全色波段)	80	15	0.50～0.68
9	Cirrus(卷云波段)	50	30	1.36～1.38

2. 高分二号影像数据

高分二号(GF-2)卫星是我国自主研制的首颗空间分辨率优于 1m 的民用光学遥感卫星，搭载有两台分辨率 1m 全色、4m 多光谱相机，具有亚米级空间分辨率、高定位精度和快速姿态机动能力的特点。高分二号卫星于 2014 年 8 月 19 日成功发射，8 月 21 日首次开机成像并下传数据。它是我国目前分辨率最高的民用陆地观测卫星，星下点空间分辨率可达

0.8m，标志着我国遥感卫星进入亚米级“高分时代”。

高分二号卫星轨道类型为太阳同步回归轨道，轨道高度为631km，轨道倾角97.9080°，回归周期69天。全色多光谱相机总共包含了5个谱段，其谱段范围分别为0.45～0.90nm、0.45～0.52nm、0.52～0.59nm、0.63～0.69nm、0.77～0.89nm，幅宽为45km，重返时间为5天。

本研究所使用到的研究区高分二号数据为2017年10月31日拍摄的全色多光谱影像数据。

9.2.2 实验方法及步骤

1. 高分二号光学影像数据预处理

本实验中GF-2号卫星数据的预处理过程与Landsat 8遥感影像的处理步骤基本相同。分别对全色和多光谱数据进行几何校正，采用三次卷积重采样对影像进行正射校正。然后进行波段融合，包括选取最佳波段，从多种分辨率融合方法中选取最佳方法进行全色波段和多光谱波段融合，使得图像既有高的空间分辨率和纹理特性，又有丰富的光谱信息，从而达到影像地图信息丰富、视觉效果好、质量高的目的。本实验使用Gram-Schmidt方法将全色和多光谱影像进行融合。接下来进行图像拼接和匀色。拼接时，除了对各景图像各自进行几何校正外，还需要在接边上进行局部的高精度几何配准处理，并且使用直方图匹配的方法对重叠区内的色调进行调整。当接边线选择好并完成了拼接后，再对接边线两侧作进一步的局部平滑处理。相邻图像由于成像日期、系统处理条件差异，不仅存在几何畸变问题，还存在辐射水平差异导致同名地物在相邻图像上的亮度值不一致。如果不进行色调调整就把图像镶嵌起来，即使几何配准的精度很高，重叠区复合得很好也达不到效果。镶嵌后两边的影像色调差异明显，接缝线十分突出，既不美观，也影响对地物影像与专业信息的分析与识别。最后根据试验区的矢量边界进行裁剪，得到空间分辨率为1m的东川区多光谱影像。高分影像预处理过程如图9-2所示。

2. 指标因子获取

指标因子的选择对泥石流易发性评价有着重要的影响。本实验结合东川区的实际情况，从地形地貌、水文气象、地质条件、植被覆盖和人类活动五个方面来选取泥石流指标因子。地形地貌因子数据，所获取的研究区30m分辨率的DEM数据经ArcGIS软件处理后得到坡度、坡向、平面曲率和剖面曲率等数据，通过公式计算得到地形湿度指数(TWI)；水文气象数据，根据会泽站、昆明站和宜良站的降雨量数据，利用kriging插值得到2020年5—10月降水量；根据东川区第三次全国国土调查数据获取河网信息，处理后得到与河网距离；地

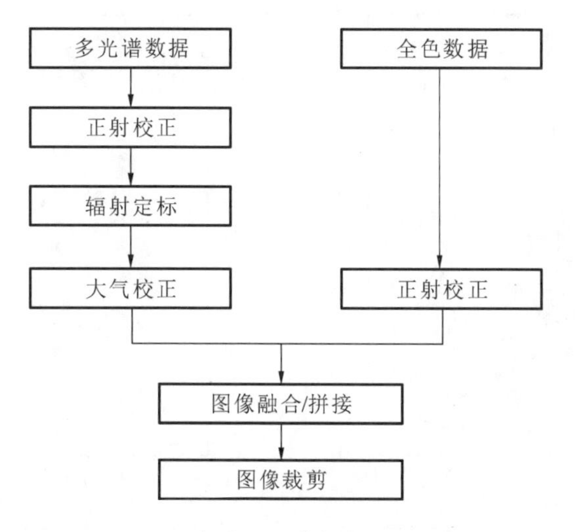

图 9-2　高分二号数据处理流程图

质条件数据，根据研究区地层岩性和断裂带数据，利用 ArcGIS 欧氏距离和栅格化处理后得到与断裂带距离和地层岩性；植被覆盖数据，采用研究区 2020 年 7 月植被最为茂盛时 30m 分辨率的 Landsat 8 计算得到归一化植被指数(NDVI)；人类活动数据，主要包括地类信息和路网信息，来源于东川区第三次全国国土调查初步数据，经 ArcGIS 栅格化和欧氏距离处理后分别得到土地利用类型和与道路距离。根据上述计算得到最佳栅格单元大小，本实验所有栅格图层的空间分辨率均为 30m×30m。各指标因子成果如图 9-3 所示。

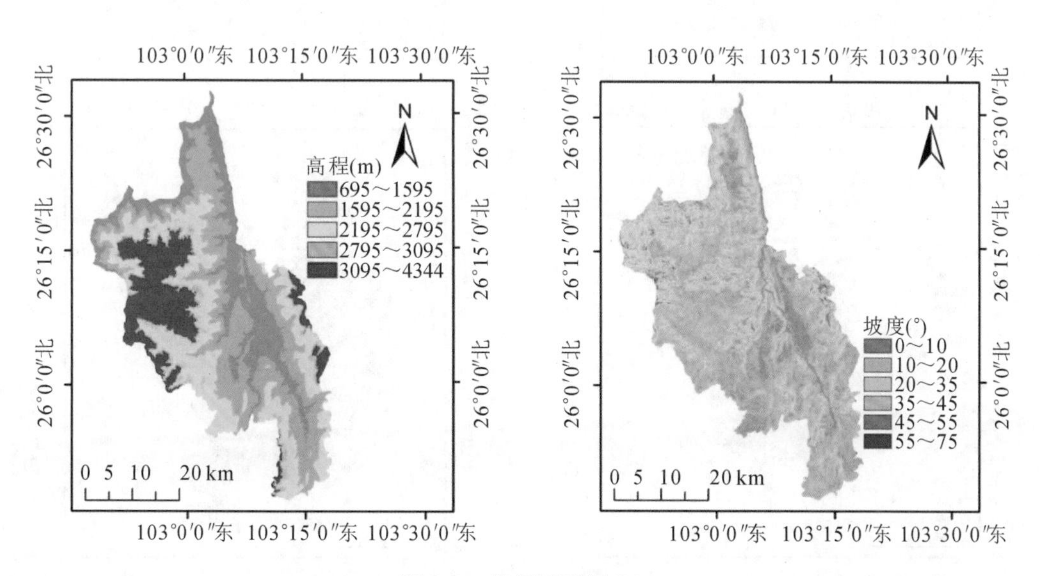

图 9-3　指标因子图(1)

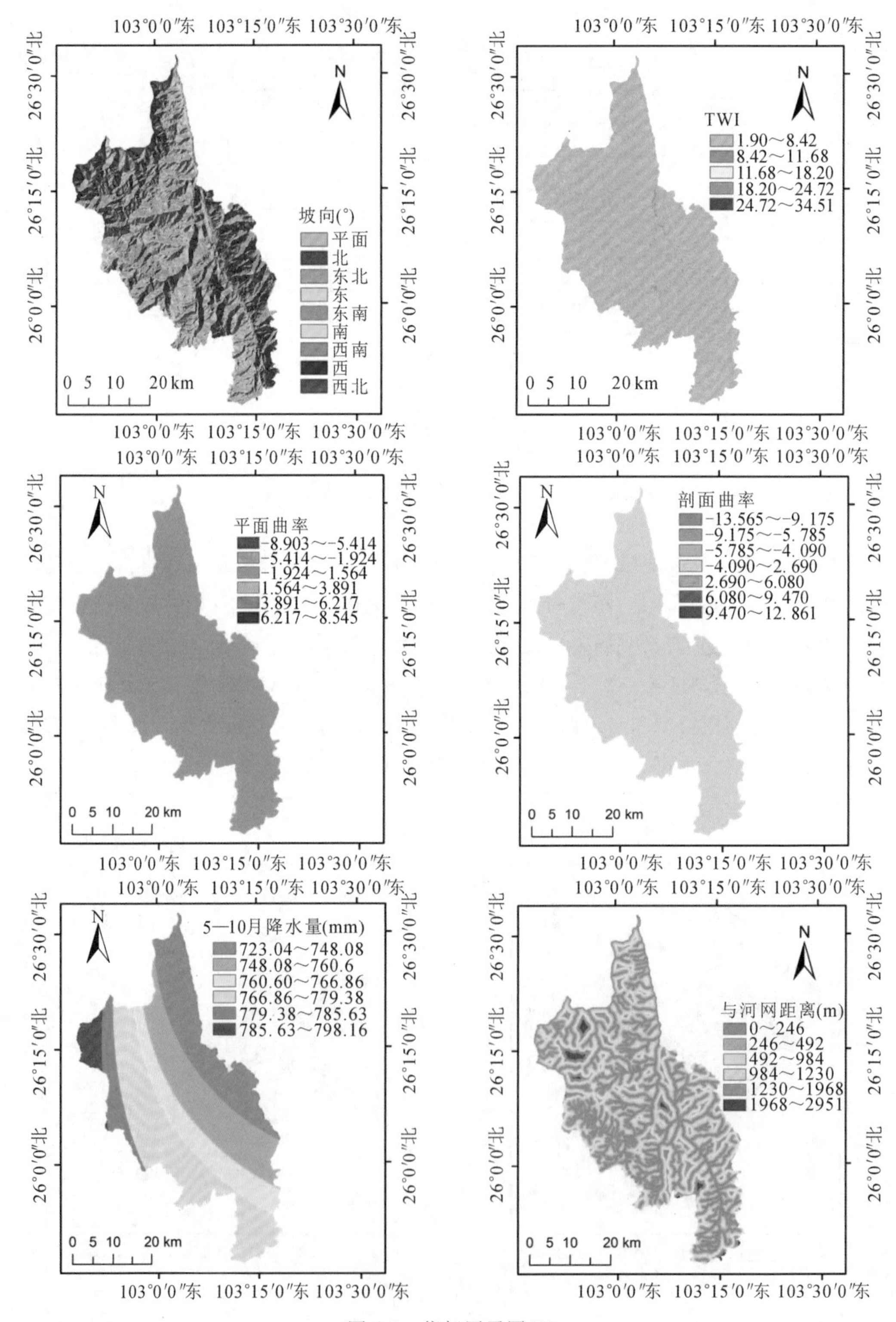
坡向(°)
平面
北
东北
东
东南
南
西南
西
西北
TWI
1.90～8.42
8.42～11.68
11.68～18.20
18.20～24.72
24.72～34.51
平面曲率
-8.903～-5.414
-5.414～-1.924
-1.924～1.564
1.564～3.891
3.891～6.217
6.217～8.545
剖面曲率
-13.565～-9.175
-9.175～-5.785
-5.785～-4.090
-4.090～2.690
2.690～6.080
6.080～9.470
9.470～12.861
5—10月降水量(mm)
723.04～748.08
748.08～760.6
760.60～766.86
766.86～779.38
779.38～785.63
785.63～798.16
与河网距离(m)
0～246
246～492
492～984
984～1230
1230～1968
1968～2951
N
0 5 10 20 km
103°0′0″东 103°15′0″东 103°30′0″东
26°30′0″北
26°15′0″北
26°0′0″北

图 9-3 指标因子图(2)

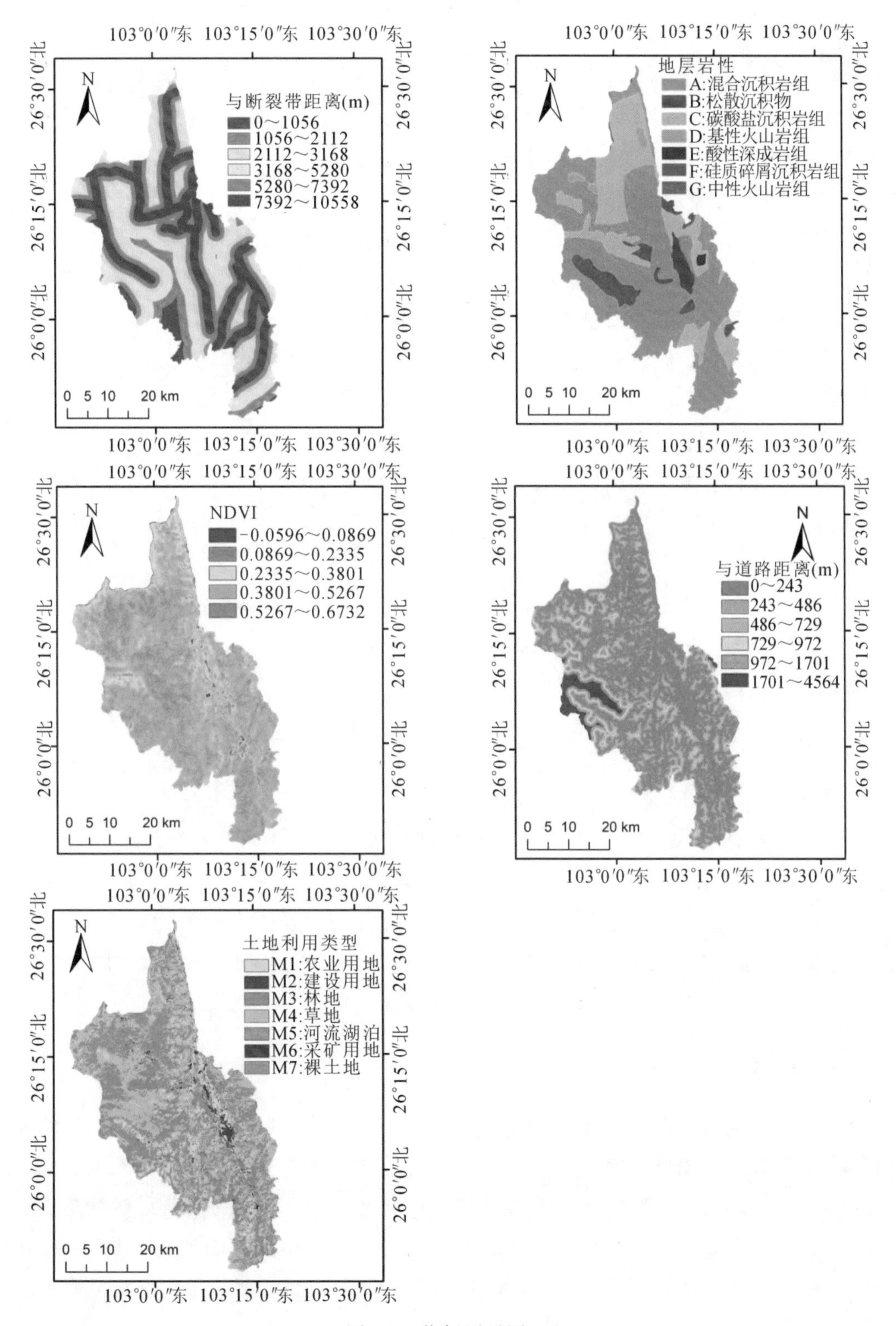

与断裂带距离(m)
0～1056
1056～2112
2112～3168
3168～5280
5280～7392
7392～10558
地层岩性
A:混合沉积岩组
B:松散沉积物
C:碳酸盐沉积岩组
D:基性火山岩组
E:酸性深成岩组
F:硅质碎屑沉积岩组
G:中性火山岩组
NDVI
-0.0596～0.0869
0.0869～0.2335
0.2335～0.3801
0.3801～0.5267
0.5267～0.6732
与道路距离(m)
0～243
243～486
486～729
729～972
972～1701
1701～4564
土地利用类型
M1:农业用地
M2:建设用地
M3:林地
M4:草地
M5:河流湖泊
M6:采矿用地
M7:裸土地
103°0′0″东
103°15′0″东
103°30′0″东
26°30′0″北
26°15′0″北
26°0′0″北
0 5 10 20 km
N

图 9-3　指标因子图(3)

3. 实验步骤

本次实验主要是采用高分辨率影像结合智能算法构建指标因子体系对试验区进行泥石流灾害识别，并根据识别结果进行实地走访调查，判断泥石流灾害对周围生态环境的影响情况，为后续的生态修复提出建议。

本实验主要采用支持向量机(SVM)模型来对试验区泥石流进行识别。支持向量机模型的主要思路是在样本空间中寻找一个最优超平面对样本进行分类，同时使得离超平面最近的样本点到超平面的距离值最大。这些样本被称为"支持向量"，在算法的计算过程中主要是这些样本起作用，而其余样本没有太大的作用。独特的算法结构大大降低了计算的复杂度，提高运算速度的同时节省了计算机内存占比。

假设给定一个训练样本集 $D=\{(x_1,y_1),(x_2,y_2),\cdots,(x_m,y_m)\}$，$y_i\in\{-1,+1\}$，支持向量机的分类思路是基于训练集 D 在样本空间中找一个最优的划分超平面。为了解决二元分类和回归问题，SVM 的决策函数表示如下：

$$g(x)=\omega^{\mathrm{T}}\varphi(x)+b \tag{9-1}$$

其中，$\varphi(x)$ 表示泥石流样本 x 从输入空间到高维特征空间的映射；$\omega=(\omega_1,\omega_2,\cdots,\omega_d)$ 为法向量，决定了超平面的方向；b 为位移项，表示超平面相对于原点的偏移；显然，法向量 ω 和位移 b 的最佳值通过求解优化函数获得：

最小化函数 $$g(\omega,\xi)=\|\omega\|^2+c\sum_{i=1}^{N}\xi_i, \tag{9-2}$$

约束为 $$y_i((\omega,\varphi(x))+b)\geqslant 1-\xi_i,\xi_i\geqslant 0, \tag{9-3}$$

其中，ξ_i 表示松弛变量，$c>0$ 表示误差的正则化变量，核函数由下式计算：

$$k(x_i,x_j)=(\varphi(x_i),\varphi(x_j)), \tag{9-4}$$

其中，x_i 与 x_j 是训练样本变量。在 SVM 中常用的核函数包括线性核函数、多项式核函数、径向基核函数、Sigmoid 核函数。在非线性分类问题中，径向基核函数(Radial Basis Function，RBF)通常能比其他核函数获得更好的结果。

4. 实验内容

本实验泥石流易发性建模流程如图 9-4 所示：①利用所收集的卫星影像结合实地调查对试验区已经发生的泥石流点进行解译，并基于地质、地形和降水等多源数据获取试验区泥石流孕灾因子；②对所构建的泥石流数据集进行标准化以及下采样，划分训练数据集和测试数据集；③使用训练数据集构建支持向量机模型，计算试验区的泥石流易发性指数，利用 ArcGIS 10.2 软件绘制试验区泥石流易发性等级图；④对模型预测结果和试验区泥石流灾害识别结果进行分析，并提出相应的生态修复建议。

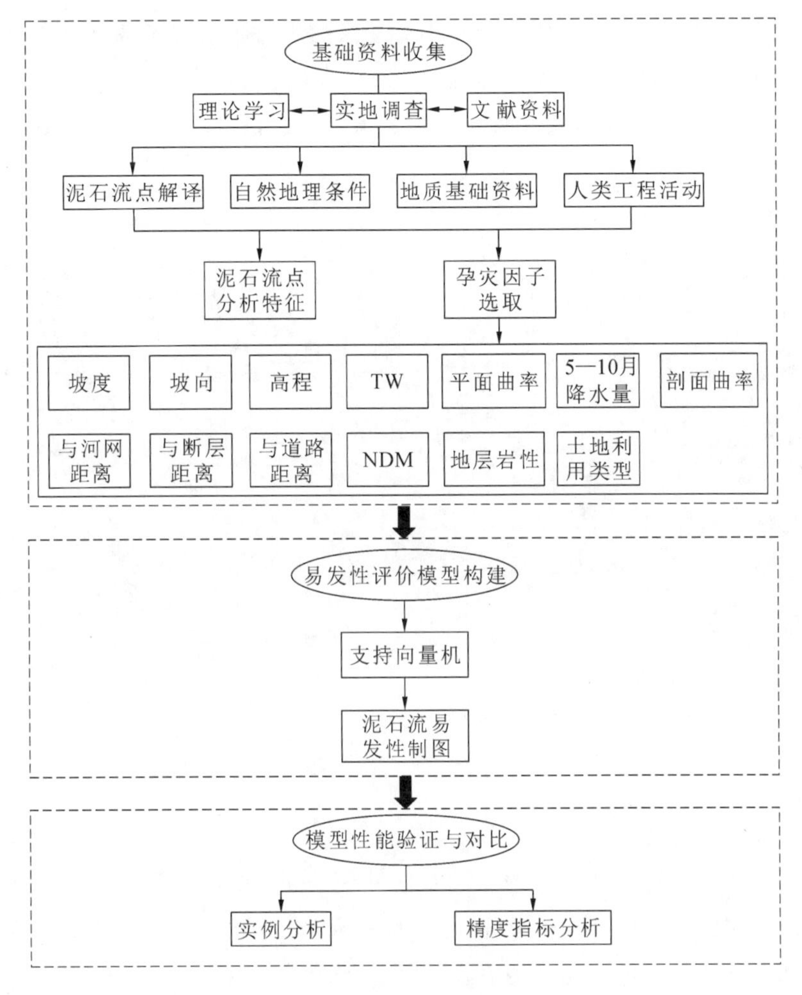

图9-4　实验流程图

本实验综合考虑东川区复杂的自然条件，从地形地貌、气象水文、地质条件、植被覆盖和人类活动5个方面选取泥石流易发性评价指标因子。结合RS和GIS技术，采用支持向量机(SVM)模型，对东川区泥石流进行识别，并对试验区泥石流的空间分布情况进行分析。研究结果旨在提高地质灾害的预报能力，为山区泥石流防灾减灾提供科学依据，让决策者可以更好地了解东川区地质灾害发生的空间概率。

1）泥石流数据集

泥石流灾害的预测存在很大的难度，在不断了解各类孕灾因子对泥石流发育的作用机理后，泥石流易发性预测变得可行。而了解孕灾因子的方式是研究已发泥石流。如图9-5所示，发生过泥石流的地方在高分辨率遥感影像上有着明显的地貌特征，具体可区分出泥石流形成区、流通区和堆积区。本实验使用高分辨率遥感影像(GF-2:2017-7)和Google Earth影像结合中国科学院资源环境科学与数据中心提供的研究区地质灾害点空间分布数据对泥石流点进行初步解译。在内业解译的基础上开展野外现场调查,最终共解译出研究区106个泥石流点。事实上,假如某地过去发生过泥石流,那么与该地具有相似环境因素的地方更容易发生泥石流。

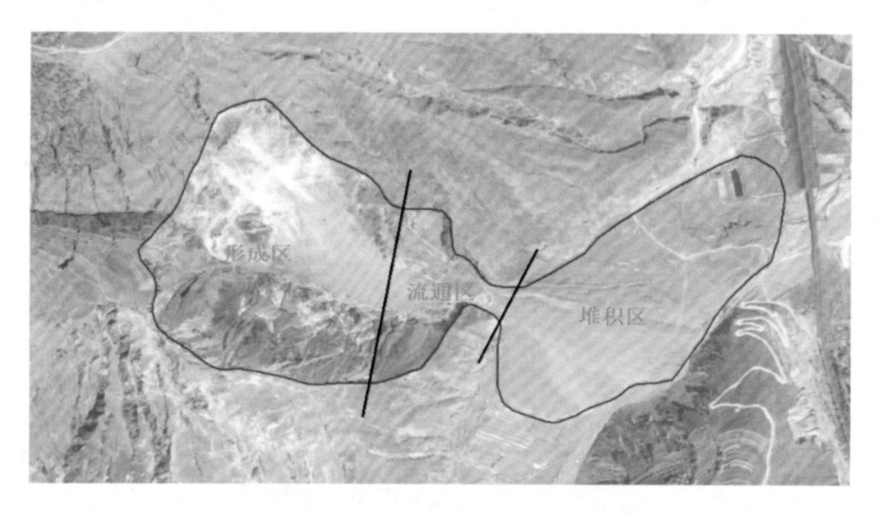

图9-5 泥石流高分影像图

2)泥石流易发性评价单元

评价单元为泥石流易发性评价的基础数据处理单元,在泥石流易发性评价过程中一般是先将泥石流孕灾因子量化到评价单元中,一旦评价单元划分不当,将对评价结果产生直接影响。因此选取合适的评价单元是泥石流易发性评价的关键,关系到最终评价结果的合理性和精度。由于研究区的国土面积较小,只有1865km²,选择斜坡单元或栅格单元作为评价单元更能保证评价结果的精度。斜坡单元在划分过程中过于烦琐,并且划分结果受主观因素影响。相比之下,栅格单元在反映地表地形的起伏情况时存在一些不足,但栅格单元能使易发性制图结果中不同易发性等级平稳过渡,评价结果更加真实可信。此外,基于栅格单元能更快速地制作学习器数据集,有效提高了学习器的运算效率,并有助于后续对评价结果的统计分析。所以,选择格栅单元作为评价单元。栅格单元大小划分公式:

$$G_s = 7.49 + 0.0006\ S - 2.0 \times 10^{-9} S^2 + 2.9 \times 10^{-15} S^3 \quad (9\text{-}5)$$

式中,G_s为栅格单元大小;S为地形比例尺分母。通过计算最终确定空间分辨率为30m×30m的栅格单元作为本实验的评价单元。

3)模型构建

东川区在30m×30m分辨率的条件下共被划分为2074122个栅格,其中研究区共解译出已发生的106处泥石流，划分为87078个栅格单元，没有发生过泥石流的共有1987044个栅格单元。根据支持向量机模型的分类要求，将发生过泥石流的栅格单元划分为一类，记为“1”，未发生过泥石流的栅格单元划分为另外的一类，记为“0”，以此将泥石流易发性研究问题转变为二分类问题。采用欠采样方法对样本数据集进行处理后，从“0”类样本集中随机地抽选出与“1”类样本数量相同的样本。最终参与模型构建的基础样本集为：“1”类样本87078个，“0”类样本87078个，总计174156个。然后将基础数据集按照7∶3的比例划分为训练数据集和验证数据集，用于泥石流易发性模型的训练与性能验证。最后将研究区所有栅格单元输入到训练好的模型中，对泥石流进行识别。

模型构建是泥石流识别的关键步骤，研究采用Python语言结合Scikit-learn库来构建和训练模型。使用上面划分的121909个训练样本和52247个测试样本来分别构建支持向量机(SVM)。通过GridSearchCV模块对所建立的模型进行超参数调优，对于支持向量机模型来说，为了对高维度的数据集进行预测分类，从而引入了核函数的概念，本实验构建了基于不同核函数的支持向量机模型，对比各支持向量机模型的预测性能，最终选择以RBF为核函数来构建支持向量机模型。C为惩罚参数，用来控制损失函数的惩罚系数。Gamma是RBF核函数自带的一个参数，隐含地决定了在高维特征空间内数据的分布情况，Gamma越大，支持向量越少，对于未知的样本分类效果较差，可能出现对训练样本准确率很高，然而验证样本的准确率较差的问题；反之，如果设置越小，则会造成泛化性能过高，无法在训练样本上得到特别高的精度，也会影响验证样本的精度。通过网格搜索后，模型最优参数为Gamma：0.10985，惩罚参数C：0.5，核函数：RBF。

同时使用十折交叉验证来验证模型的稳定性，并统计每一次验证的精确度Accuracy值(见表9-3)。在训练数据集中，支持向量机(SVM)模型中精确度Accuracy平均值为0.8499，在验证数据集中，支持向量机(SVM)模型中精确度Accuracy平均值为0.8357。根据十折交叉验证的结果，可以明显地看到，SVM模型表现出了很好的稳定性，不论是在训练数据集还是测试数据集中，每一折交叉验证的精确度Accuracy值的差值均不大，模型精度都集中分布。

表9-3　模型十折交叉验证结果

	Cv1	Cv2	Cv3	Cv4	Cv5	Cv6	Cv7	Cv8	Cv9	Cv10
训练数据集	0.8483	0.8469	0.8478	0.8497	0.8467	0.8467	0.8505	0.8468	0.8387	0.8464
验证数据集	0.8381	0.8316	0.8383	0.8314	0.8413	0.8337	0.8356	0.8350	0.8350	0.8365

9.3 结果分析

本实验采用了高分二号卫星影像、指标因子体系，采用训练数据集训练SVM模型，然后将研究区30m×30m的共2074122个栅格单元均输入到训练好的SVM模型中，输出结果为基于SVM模型计算得到的每个栅格单元的泥石流暴发的概率。将计算结果导入到ArcGIS10.2中，采用自然断点法将其划分为5个等级：极高、高、中、低和极低(图9-6)。

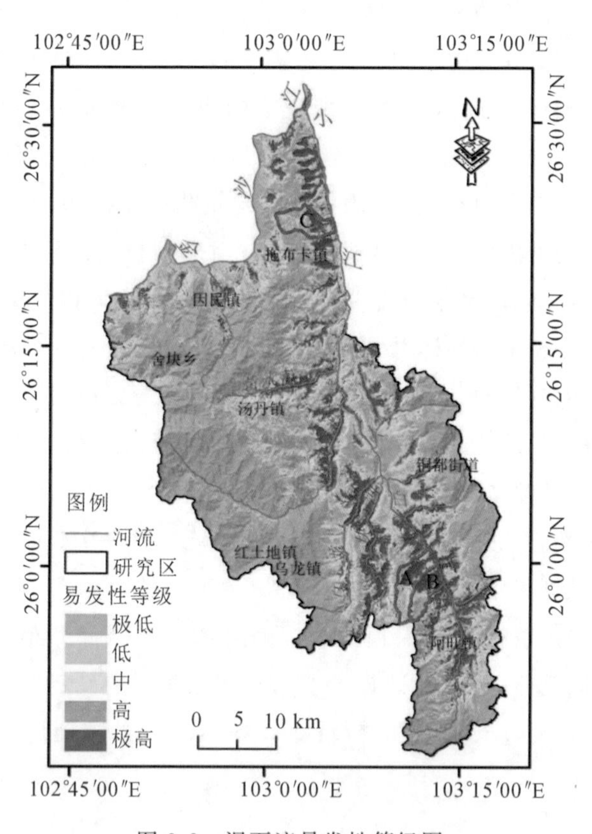

图9-6　泥石流易发性等级图

从图9-6可以看出，尽管所有模型所计算得到的东川区泥石流易发性等级图有所差别，但是泥石流易发性的整体分布规律基本相似：①高和极高易发区主要分布于金沙江南岸和小江两岸及其支流地带，越靠近河流，易发性指数越高。从研究区NDVI图(图9-3)中可以看出这些区域植被覆盖率较低，路网密集间接反映出这些地区受人类工程活动影响较大，植被破坏和人类工程活动的频繁导致了该区域泥石流频发。此外在这些区域河网密布，坡体中的含水量过大，使得土壤之间的黏合度下降。②中等易发区主要沿着高和极高易发区分布，这与实际的调查情况相符合。其中在红土地镇与汤丹镇的交界处有着一定的分布，通过调查发现该区域地势陡峭，并且受人类工程活动的影响较大，滥泥坪铜矿开采区就位于该区域。③低和极低易发区在东川区分布最为广泛，主要集中分布于红土地镇，舍块乡、因民镇和阿旺镇南部，铜都街道东部，这些区域海拔较高落差较大，离河流较远，坡体的蓄水条件较差，坡体含水量较低，不利于泥石流的发育，此外这些区域人类工程活动较低，植被覆盖率较高，因此斜坡的稳定性较好。为了更好地分析试验区的泥石流的发育情况，从试验区中选取了 3 个区域进行分析，将这 3 个区域分别称为 A 区、B 区和 C 区，其中 A 区为大白泥沟，B 区为小白泥沟，C 区为老村沟。

1）A 区泥石流发育情况分析

A 区是东川区最具代表性的泥石流沟大白泥沟（图 9-7）。大白泥沟位于东川区阿旺镇大白河左岸，为小江的一级支沟，泥石流自西南向东北注入大白河中。此外，该泥石流沟所处地层岩性为出露新生界第四系全新统-上更新统、古生界二叠系和寒武系、震旦亚界震旦系地层。其中，第四系全新统以块石混卵石、黏性土、砂土及卵石混碎石、块石为主；上更新统主要为洪积层；古生界二叠系包括上统玄武岩组和下统栖霞一茅口组地层；寒武系下统包括沧浪铺组、筇竹寺组和渔户村组地层；震旦亚界震旦系主要为灯影组地层，岩性有玄武岩、砂岩、灰岩、白云岩等。

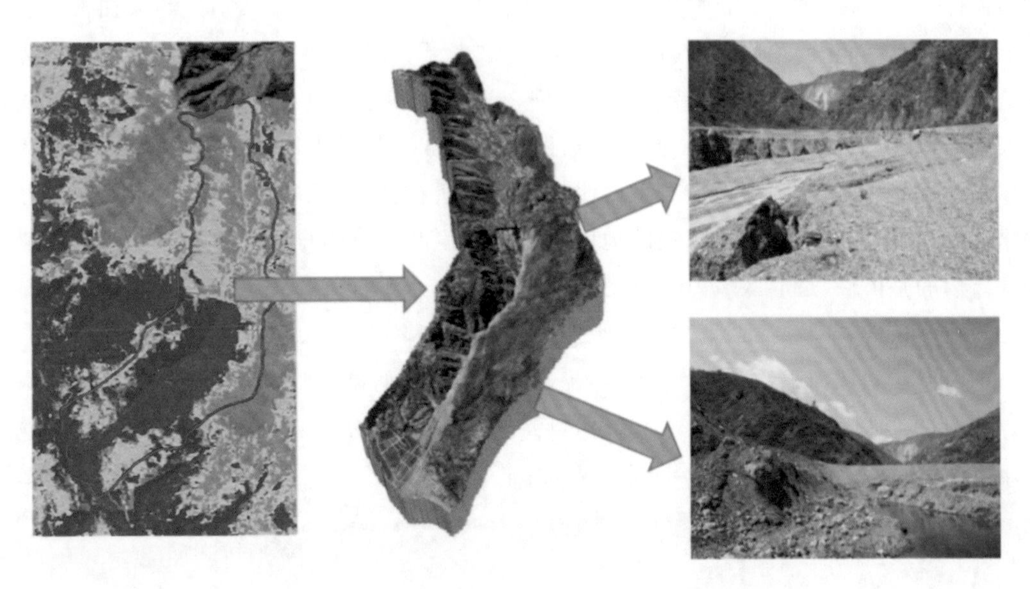

图 9-7　大白泥沟 A 区泥石流等级图、现场照片

该区流域面积约为 21.21km²，流域边界长约 25.78km，主沟长度约为 10km，流域最高

点高程为2982m,最低点为1277m,高差达到1705m。从图9-7中可以看出,泥石流物源区、流通区和堆积区"三区分明",泥石流物源主要来自沟谷两侧的滑坡以及崩塌、冲沟和坡面侵蚀等,其中,沟内的祭龙凹滑坡滑坡面最大,也最为活跃。泥石流流通区主沟长约为2km,由于河流侵蚀强度高且宽度较窄,导致泥石流流通区段基本没有固体物质沿岸堆积。泥石流堆积区面积大概约为1.08km²,长约0.69km,宽约1.9km。泥石流堆积扇挤压大白河,导致主河道严重弯曲,主流偏移。从影像上看出,该流域植被覆盖率较低,仅沟谷源头存在着稀疏树木、灌丛和少量的耕地。泥石流流通区两侧基本没有植被覆盖,分布着大量破碎裸露的土地。堆积区上并没有明显的导流槽,虽然种植了树木,但是林种大多为幼林,植被郁闭度低,大量岩土体裸露,降水造成水土流失并出现了严重的地表荒漠化。该泥石流沟目前还处于发展阶段,泥石流会逐渐加剧沟谷周围斜坡的侵蚀和滑动,斜坡将变得更加不稳定,对流域上游的托落自然村、沟谷两侧的新碧嘎自然村以及下游零星分布的居民楼造成威胁。

多年前当地在大白泥沟堆积区进行了覆土种植绿化以改善生态环境,修建拦坝等措施防护泥石流。但是,2012年6月大白泥沟的拦挡被强降水所形成的泥石流冲毁,2015年8月泥石流冲毁了河堤,所以前面的那些措施并未形成一个完整的、系统的治理工程,急需开展新一轮的泥石流综合治理。

2) B区泥石流发育情况分析

B区名为小白泥沟(图9-8),位于东川区阿旺镇,与大白泥沟相邻,同样是东川区典型的泥石流极高易发区,泥石流自西南向东北汇入大白河。小白泥沟地质构造与大白泥沟基本相同,均为出露新生界第四系全新统-上更新统、古生界二叠系和寒武系、震旦亚界震旦系地层。小白泥沟位于大白河断裂带上,因地质构造作用产生了大量的松散堆积碎屑,为泥石流的发育提供了充足的物源条件。同时东川区内的小江断裂带内地震频繁且强度大,晚更新世以来曾发生30多次强烈地震。小白泥沟泥石流所在区域,地质构造复杂,地震活动相对频繁且较为强烈,属于地壳不稳定的地区。地震发生时释放能量,产生强烈的地震波,破坏地表结构的整体性,造成区域内岩体崩解,地形破碎,为泥石流的发生提供了丰富的物源和有利的地形条件。

小白泥沟流域面积约为12.49km²,流域呈长条形,西高东低,河流自西向东汇入大白河。主沟长7.25km,源头高程3000m,沟口高程1400m,高差1600m,系高山宽谷地形,沟床平均比降22.5%。沟坡左岸平均坡度34°,右岸平均坡度44°。森林面积1063亩,占流域面积的5.4%,草坡面积17690亩,占流域面积的90.2%,耕地面积858亩,占流域面积的4.4%。

小白泥沟所处地区年平均降水量为600～700mm,主要来源是大气降水,全年5—10月降水占比88%,日降水量83.7mm,流域内1h最大降水32.3mm,10min最大降水15.7mm,暴雨是泥石流启动与形成最活跃的动力因素。

图 9-8　小白泥沟 B 区泥石流等级图、现场照片

小白泥沟在地质上处于深大断裂带小江东、西分支断裂之间。流域内主要出露的地层有:寒武系下统渔户村组白云岩、砂岩,分布于源头一带。震旦系上统灯影组白云岩,分布于中上游一带,为区内主要地层,占流域面积的 60%,以及南沱组和陡山沱组的砂岩、页岩。前震旦系鹅头厂组板岩、千板岩分布于流域下游,是产生不良地质现象和形成泥石流的物质基础。由于强烈的地壳运动,使得前震旦系变质岩与震旦系呈角度不整合解除,加之后期的构造运动和频繁地震,使结构较差的变质岩体的不良地质进程加快,崩塌体遍及整个下游区。在降水和重力作用下,崩塌体上派生大量的次级滑坡,在后缘产生地裂。崩塌面积 3.2km^2,为泥石流的爆发提供了足够的松散固体物质。

小白泥沟上游清水区面积约为 6.4km^2,最高海拔 3000m,最低海拔 2000m,沟床平均比降 20.6%,左岸平均坡度 35°,右岸坡度 36°,地层主要为震旦系到寒武系的白云岩、灰岩、砂岩,年平均降水量在 880～1180mm 之间。该区域为农耕文化发达的村庄、农耕地、林地等阶地,且为小白泥沟流域的主要汇水区,为泥石流的发生提供水源以及水动力条件,同时因属于传统农耕区,存在耕地提供泥石流物源的风险。

小白泥沟物源区面积约 4.9km^2,最高海拔 2000m,最低海拔 1430m,沟床比降 27.5%,以"V"形沟谷为主。左岸平均坡度 33°,右岸平均坡度 51°,年平均降水量为 770～880mm。形成区内山高坡陡,植被稀疏,发育有多处不稳定滑坡,区内特别是右岸发育有多处不稳定石块和塌陷体。形成区内还有小白泥沟的一条支沟小沟箐,该沟近几年比较活跃,是小白泥沟泥石流的重要来源之一。

小白泥沟流通区汇流面积约为 1.2km^2,最高海拔 1430m,最低海拔 1380m,沟床比降

7.7%，地势较为平坦，主要地层为混杂堆积阶地。

小白泥沟堆积区汇流面积约为 0.4km²，平均厚度 17m，堆积方量 1022 万平方米，堆积区坡度为 6.1%。近 30 年来堆积区面积增大 0.52km²，淤高 13.8m，增加淤积方量 820 万立方米，小江河床小白泥沟段上涨 8m。

3）C 区泥石流发育情况分析

该泥石流沟名为老村沟(图 9-9)，位于汤丹镇中厂河下游左岸。泥石流自北西向南东注入小江一级支流中厂河，该泥石流沟有一较大的支沟。该泥石流沟所处地层岩性为震旦系下统澄江组(Zz2c)砂岩夹粉砂岩、页岩，平均干抗压强度 13，软化系数 0.41。沟左岸为一断层，沿茅草房—马鞍桥—沙窝延伸，泥石流沟处于断层破碎带，破碎带物质松散，谷坡松散层厚度约 2.1m，沟底物质主要为块石、砂土、黏土等。

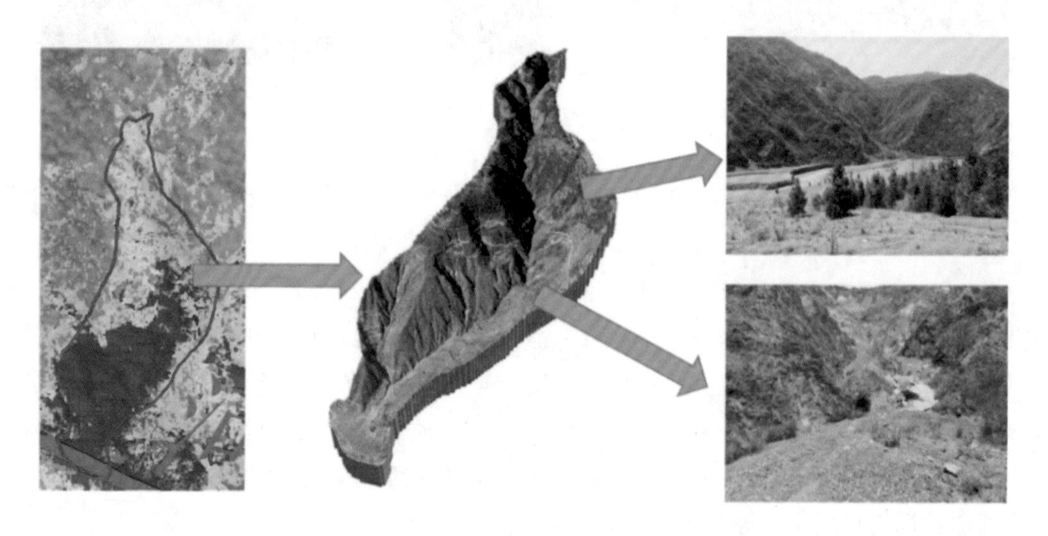

图 9-9　老村沟泥石流等级图、现场照片

该沟流域形态呈树叶形，流域面积约 5.325km²，流域边界长约 16km。泥石流主沟长约 7.1km，源头高程 2900m，沟口高程 1140m，高差 1760m。泥石流“三区”分明，物源主要来自沟两侧的崩滑体以及冲沟、细沟侵蚀及坡面侵蚀；主沟流通区长约 2.22km，主支沟流通区长约 1.1km，由于河流强力侵蚀，泥石流流通区段基本无固体物质沿岸堆积；堆积区为典型的扇形堆积，扇形长约 500m，宽约 850m，面积约 0.27km²，泥石流堆积扇挤压中厂河，导致主河严重弯曲，主流偏移。泥石流流域植被覆盖率较低，仅源头处发育稀疏树木和灌丛，周边有坡耕地，泥石流流通区两侧植被少，基本上全部为荒坡地。堆积扇上未见防护工程，除靠近普岔河附近有部分开辟为菜地外基本无人类生产活动迹象。堆积扇前端和中部见有白色线性影像道路，在泥石流不爆发时才能通行，堆积扇上未见明显的流水

沟槽，说明形成时间较新，为一严重的泥石流沟，处于发展期。泥石流的发展加速斜坡受到的侵蚀，斜坡将变得更不稳定，将危及北侧的马鞍桥和茅草房自然村以及南侧的上新寨和平沟自然村。

泥石流是发生在山区的一种自然灾害，因其危害严重使得泥石流防治成为山区发展关注的焦点。东川地区生态系统修复体系的实现，应该是建立在区域内泥石流等自然灾害有效防治的基础之上的。根据区域内泥石流灾害的形成条件、运动特征、发育历史等，采用工程措施与生态措施相结合的方法进行上、中、下游全流域治理。在工程上，以拦挡为主、排导固沟为辅，重点拦截粗大颗粒、部分沉降颗粒物质；在下游堆积区实施生态措施，打造成一个自然环境的过滤器，保持生态平衡、减少泥沙对东川区的侵蚀。

1. 工程治理

对于已经发生泥石流的区域，采取的治理措施主要是在泥石流冲沟中建设拦挡坝、固床肋、谷坊、排导槽等，采取"稳、拦、排"的治理模式：一是"稳"：在上游封山育草、植树造林，削弱水动力条件的参与，减少地表径流，固土稳坡，防止坡面侵蚀；在冲沟中采用谷坊稳定沟岸，防止沟床下切；对滑坡体采用截流排水，防止水体渗透侵蚀，用工程手段固脚稳坡，使水土分离；二是"拦"：在主沟床内，选择有利地形，构筑泥石流拦沙坝，拦蓄泥沙、减缓沟床纵坡、提高沟床侵蚀基准面、稳定坡脚；三是"排"：修建排导槽，束水攻沙，使泥石流有序地排走，达到保护下游城镇设施，开发、利用土地的目的。

此外，水土保持是泥石流的治本措施，包括平整山坡、植树造林，保护植被等。避防泥石流的工程措施主要有：①跨越工程。指修建桥梁、涵洞，从泥石流沟的上方跨越通过，让泥石流在其下方排泄，用以避防泥石流。这是铁道和公路交通部门为了保障交通安全常用的措施。②穿过工程。指修隧道、明硐或渡槽，从泥石流的下方通过，而让泥石流从其上方排泄。这也是铁路和公路通过泥石流地区的又一常用措施。③防护工程。指对泥石流地区的桥梁、隧道、路基及泥石流集中的山区变迁型河流的沿河线路等，作一定的防护建筑物，用以抵御或消除泥石流对主体建筑物的冲刷、冲击、侧蚀和淤埋等的危害。防护工程主要有：护坡、挡墙、顺坝和丁坝等。④排导工程。其作用是改善泥石流流势，增大桥梁等建筑物的排泄能力，使泥石流按设计意图顺利排泄。排导工程包括导流堤、急流槽、束流堤等。⑤拦挡工程。用以控制泥石流的固体物质和暴雨、洪水径流，削弱泥石流的流量、下泄量和能量，以减少泥石流对下游建筑物的危害。

2. 生态治理

生态修复是指将受人类干扰而退化的环境恢复至原来没有受干扰的状态，或者恢复到某种可持续的状态。在实际修复过程中，一般很难修复到原来没有受到人为干扰的状态。

因此，结合东川区泥石流地貌、水源条件、物源状况、沟谷特性等，分别从泥石流物源区、流通区和堆积区三个区域考虑。

物源区应实施封山育林，保护森林资源。由于东川区山体较陡，植被覆盖率较低，必须在物源区荒地大量地植树造林，提升植被覆盖度。植树造林尽量针阔混交和乔灌草相结合，形成立体网状植被。在坡度≥25°的坡地上开荒水土流失明显，因此严禁在≥25°的陡坡地上耕作，已开垦的荒地实施退耕还林。对坡度＜25°的缓坡地实行坡改梯，大力发展高附加值的种植业，如适合本地生长的花椒、核桃等，这样可以避免传统农耕方式水土易流失的缺点。在泥石流沟边的耕地必须保留一截免耕地并沿沟植树，避免在泥石流沟取土或破坏植被，以加强泥石流沟拦截泥石流的能力。同时，应注重物源区内公路沿线的绿化，植树种草。松散固体物质直接提供区的防护植物主要是草本植物。进行生物工程措施需要很长的周期，治理效果也受众多因素的影响，鉴于东川区的实际情况，生物措施应作为泥石流综合防治的辅助措施。

泥石流流通区和堆积区是东川少有的平坦河滩，交通方便，很有开发价值。有的泥石流沟在进行综合治理后，沟道得到了控制，流通区堆积区的土地可以变废为宝，发展种植业、养殖业等产业。由于泥石流沟道主要是石砾，保水能力较差，土层贫瘠，植被不能生长，所以首先需要换土。可以在泥石流堆积区上种植红豆杉、香樟树、新银合欢等景观及经济类苗木。在泥石流沟流通区堆积区开展种植养殖等产业，对促进泥石流沟生态恢复、种植结构调整、减轻农业面源污染具有重要意义。

9.4 小　　结

上述实验分析发现，在对泥石流的识别与防治的研究中，应用多源遥感影像数据进行识别时，关键是对影像的解译以及特征提取。根据泥石流的实际特点，从地形地貌、水文气象、地质条件、植被覆盖和人类活动五个方面来选取泥石流指标因子，通过对指标因子的提取叠加，使得泥石流地区特征凸显，进而结合 RS 与 GIS 技术，采用支持向量机(SVM)模型，对东川区泥石流进行识别，并对识别的结果进行分析。将泥石流易发性分级：低和极低等级，主要集中分布于红土地镇，舍块乡、因民镇和阿旺镇南部，铜都街道东部，其中红土地镇几乎都处于低和极低等级；高和极高等级分布较为集中，主要集中分布于小江河谷两岸和金沙江南岸，其中在拖布卡镇、乌龙镇、铜都街道西部、阿旺镇北部、因民镇和舍块乡北部分布最为集中；中易发区的分布与高和极高等级的分布大致相同，主要集中分布于乌龙镇、拖布卡镇、汤丹镇、舍块乡和因民镇北部、铜都街道西部和阿旺镇北部。

识别结果可为东川区防震减灾提供参考依据，同时，由于遥感影像的实时性、全天候等特点，使该地区泥石流监测具有了及时性。

泥石流是发生在山区的一种自然灾害，泥石流防治是泥石流易发山区发展的关注焦点。本实验通过对泥石流区域进行识别，根据泥石流的发育特征、水源条件等因素，分析得到泥石流的通常防治对策：对于泥石流物源区，其主要防治任务是固土保水、消减洪峰流量、抑制泥石流形成所需要的物源和水源，从源头上控制泥石流的启动条件；针对泥石流流通区，也是泥沙输移区，主要防治任务是控制耕地侵蚀和坡面水土流失，开展沟道防护和固床稳坡治理工程，通过排导槽等工程措施保障泥石流安全输移；针对泥石流堆积区，是可开发利用的区域，同时也是受泥石流威胁最严重的区域，主要防治任务是合理调控泥石流堆积区域，促进泥石流堆积扇高效开发利用和保障城镇居民生命财产安全。

第10章
多源遥感在石漠化检测识别及治理中的应用研究

10.1 实验区域

石林彝族自治县(24°30′N—25°03′N,103°10′E—104°40′E)位于滇东高原南部(图10-1),是典型的岩溶石漠化地区,主要地貌类型为山地。全县总面积1719km²,森林面积达83540.33ha,森林覆盖率43.36%,岩溶土地面积1008km²,石漠化土地面积286.55km²,平均海拔1730m,最高山峰超过2210m。地貌类型主要有高原丘陵、低山、洼地、盆地、石丘、石林、峰丛和溶洞、湖泊、河谷。石林土壤主要有石灰土、红壤土、棕壤土和黄棕壤土。石林裸露基岩类型主要是碳酸盐岩和石灰岩,岩石分化程度有所不同。石林县属低纬度高原山地季风气候,雨季漫长,年均气温15.6℃,冬季最低气温-1.7℃,夏季最高气温33℃,气候温暖湿润,无霜期长,年平均日照2100.8小时,实照时间长,大约是可照时间的50%,年均降水量约为963mm,年平均风速2.3m/s。区域内地带性植被主要为云南松树的人工林,其他植被有黄冈林、桉树、麻栎、干香柏等。灌木以喜钙、耐旱、耐贫瘠植被为主,有小铁子、豆梨、沙针等,主要的草木有鬼针草、铁仔等。由于石林以第一产业发展为主,在土地利用上属于粗放式开发,强烈的人类活动以及特殊的岩溶结构导致石漠化问题的加剧,生态环境恶化,制约当地的社会经济发展,在滇中岩溶区具有典型性和代表性。

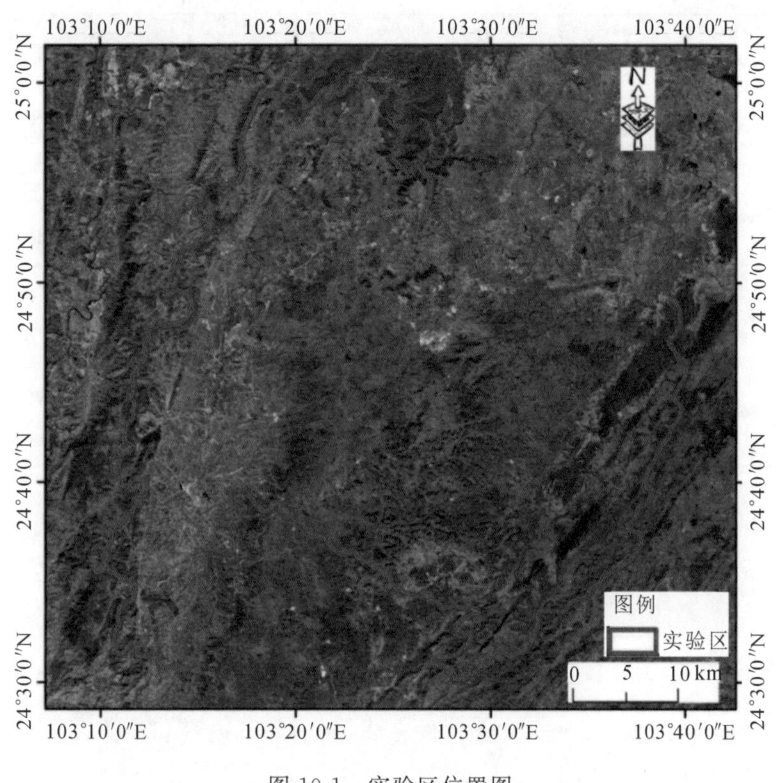

图 10-1　实验区位置图

10.2　实验数据及方法

10.2.1　实验数据

喀斯特地区不同石漠化等级的结构和格局是实现区域石漠化治理的重要基础信息。在石漠化地区，根据岩石的出露程度不同可划分不同的石漠化程度，基岩裸露率是判别石漠化强度的重要指标，基岩裸露率越高，土地的石漠化程度越深。

本实验所用数据包括遥感数据 Landsat 8 OLI(空间分辨率 30m)、2015 年、2020 年石林县第三次全国国土调查变更数据、1∶200000 水文地质图及行政区矢量图。主要数据来源详见表 10-1。

表 10-1　主要数据来源

数据名称	数据尺度	数据时相	数据来源
高分二号卫星影像	1.04m	2020.7	云南省高分中心
谷歌卫星影像	1.07m	2020.10	SAS Planet 地图下载器
Landsat 8 OLI	30m×30m	2020.1.8 2015.3.28	地理空间数据云 (http://www.gscloud.cn)
水文地质图	1∶200000	2015	全国地质资料馆 (http://www.ngac.org.cn/)
地理利用现状数据	—	2020 2015	2020 石林县第三次全国国土调查变更数据 2015 年石林县土地变更调查数据

10.2.2　实验方法及步骤

1. 数据预处理

遥感影像数据预处理用 ENVI 5.3 软件完成，包括如下内容和步骤：①以石林县行政区矢量数据对遥感影像进行剪裁。②选取辐射定标模块的辐射定标工具(Radiometric Calibration)对影像进行辐射定标，辐射定标类型为辐射亮度值，BSQ 转换成 BIL 格式，缩放系数为 0.1，使辐射亮度值和格式达到 FLAASH 大气校正的要求。③大气校正基于辐射传输模式的 MORTRAN 模型，FLAASH 大气校正模块对经过辐射定标后的影像进行处理。基本参数设置中，传感器类型为 Landsat 8-OLI；平均地面高程为 1760m；大气模型为 Mid-Latitude Summer；气溶胶模型为 Rural；气溶胶反演为 2-band(K-T)。多光谱数据参数中 K-L 反演模式为 Over-Land Retrieval standard(600∶2100)。④大气校正反演后的能见度为 40.00km，平均水量为 12.3mm，校正后获得的植被波谱更接近实际。

2. 实验方法

本实验的研究方法包括指标计算和用于石漠化信息提取结果的分析方法。经过一系列数据预处理后的遥感影像，可直接用于石漠化信息提取的指标计算(指标有 NDVI、FVC、NDRI 三个)，指标计算完成后统一对数据进行标准化处理，然后应用于石漠化信息提取。主要使用从 ENVI 5.3 软件得出的 NDVI 值和 NDRI 值、基于像元二分模型计算出的基岩裸露率及植被覆盖率。此外，以土地利用转移矩阵计算 2015—2020 年石漠化类型的转移情况。

1）像元二分模型

像元二分模型是一种简单实用的遥感估算模型，它假设一个像元的地表由有植被覆盖部分地表与无植被覆盖部分地表组成，而遥感传感器观测到的光谱信息也由这2个组分因子线性加权合成，各因子的权重是各自的面积在像元中所占的比率，如其中植被覆盖度可以看作植被的权重。

根据像元二分模型的原理，通过遥感传感器所观测到的信息 S 可以表达为由绿色植被部分所贡献的信息 S_v 和由无植被覆盖（裸土）部分所贡献的信息 S_s 两部分，即：

$$S = S_v + S_s \tag{10-1}$$

设一个像元中有植被覆盖的面积比例为 f_c，即该像元的植被覆盖度，则裸土覆盖的面积比例为 $1-f_c$。如果全由植被所覆盖的纯像元所得的遥感信息为 S_{veg}，则混合像元的植被部分所贡献的信息 S_v 可以表示为 S_{veg} 和 f_c 的乘积：

$$S_v = f_c \cdot S_{veg} \tag{10-2}$$

同理，如果全由裸土所覆盖的纯像元所得的遥感信息为 S_{soil}，混合像元的土壤成分所贡献的信息 S_s 可以表示为 S_{soil} 与 $1-f_c$ 的乘积：

$$S_s = (1-f_c) \cdot S_{soil} \tag{10-3}$$

将上面两个式子代入，可得：

$$S = f_c \cdot S_{veg} + (1-f_c)S_{soil} \tag{10-4}$$

对上式进行变换，可得以下计算植被覆盖度的公式：

$$F_c = (S-S_{soil})/(S_{veg}-S_{soil}) \tag{10-5}$$

其中，S_{soil} 与 S_{veg} 是像元二分模型的2个参数。因此，只要知道这2个参数就可以根据上式利用遥感信息来估算植被覆盖度。本模型表达了遥感信息与植被覆盖度的关系，其参数 S_{soil} 与 S_{veg} 则具有实际含义，即土壤与植被的纯像元所反映的遥感信息，这样就削弱了大气、土壤背景与植被类型等的影响，将大气、土壤背景与植被类型等对遥感信息的影响降至最低，只留下植被覆盖度的信息。

2）土地利用转移矩阵

土地利用转移矩阵可以详细地反映某一区域内各种不同土地利用类型在某一时间段内相互转移的情况，同时又可以清晰地展现出某一时间段内土地利用类型的结构特征。通过构建土地利用转移矩阵，可以更加精确地进行定量分析，从而深入了解不同土地利用类型的转入转出情况，再进行具体分析，得到各种土地利用类型的来源与演变。其数学表达形式为：

$$B_{ij} = \begin{bmatrix} B_{11} & B_{12} & \cdots & B_{1n} \\ B_{21} & B_{22} & \cdots & B_{2n} \\ \vdots & \vdots & \vdots & \vdots \\ B_{n1} & B_{n2} & \cdots & B_{nn} \end{bmatrix} \tag{10-6}$$

式中 B_{ij} 表示第 i 种土地利用类型转变为第 j 种土地利用类型的面积；n 表示土地利用类型种类。本实验基于土地利用转移矩阵的原理对2015—2020年石漠化等级的转移情况进行分析。

3. 实验内容

本实验石漠化分析主要流程如下（如图10-2所示）：①对基础数据进行收集，包括Landsat 8 OLI影像数据、高分二号卫星影像、土地利用数据和野外调查的数据；②对所收集到的遥感影像进行预处理，分别包括辐射定标、大气校正、图像配准和图像裁剪；③运用ENVI 5.3软件计算出的试验区NDVI值和NDRI值并基于像元二分模型计算植被覆盖度和基岩裸露率，同时将试验区内非石漠化区域进行剔除；④通过ArcGIS10.2软件提取试验区2015年、2020年石漠化指数并绘制石漠化等级图；⑤利用石漠化转移变化矩阵对2015—2020年5年间的石漠化变化情况进行分析，并针对识别出的石漠化区域提出相应的生态修复建议。

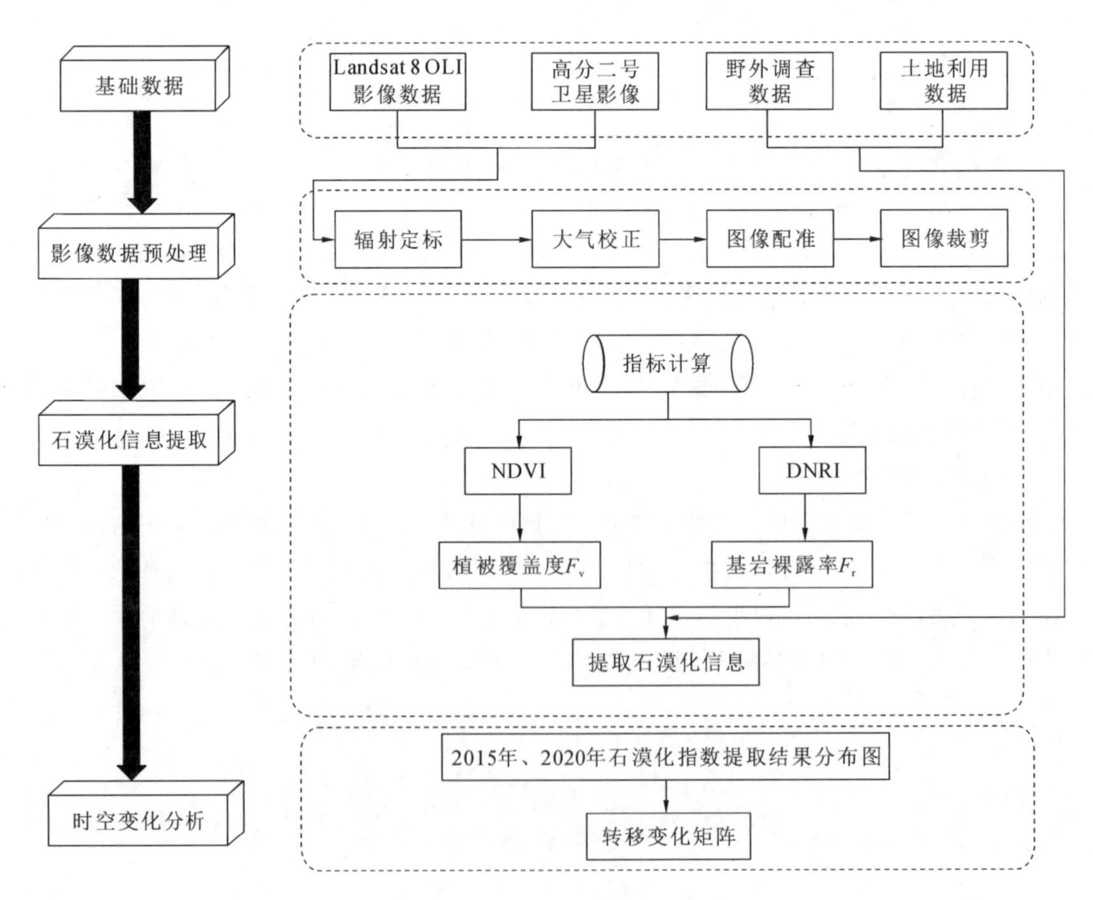

图10-2　实验流程图

1）指标因子计算

（1）归一化植被指数

归一化植被指数(Normalized Difference Vegetation Index,NDVI)指的是近红外波段的反射值与红光波段的反射值之差与二者之和的比值。NDVI 在监测植被生长、植被覆盖方面很受欢迎。通常,计算得到的 NDVI 值在 -1 到 $+1$ 之间,负值表示地面覆盖为云或水等高反射的地物,0 值表示地面覆盖物为岩石或者裸土等,正值则表示地面上有植被覆盖,而且植被覆盖越高,其数值越接近于 1。NDVI 的计算公式为:

$$\mathrm{NDVI} = \frac{\mathrm{NIR} - \mathrm{RED}}{\mathrm{NIR} + \mathrm{RED}} \tag{10-7}$$

式中,NIR 表示的是 Landsat 影像的近红外波段,对应 Landsat 8 影像的第五波段;RED 则表示 Landsat 影像的红外波段,对应 Landsat 8 影像的第四波段。经过 ENVI5.3 软件计算得到研究区 2020 年 1 月与 2015 年 3 月的 NDVI 影像如图 10-3 所示。

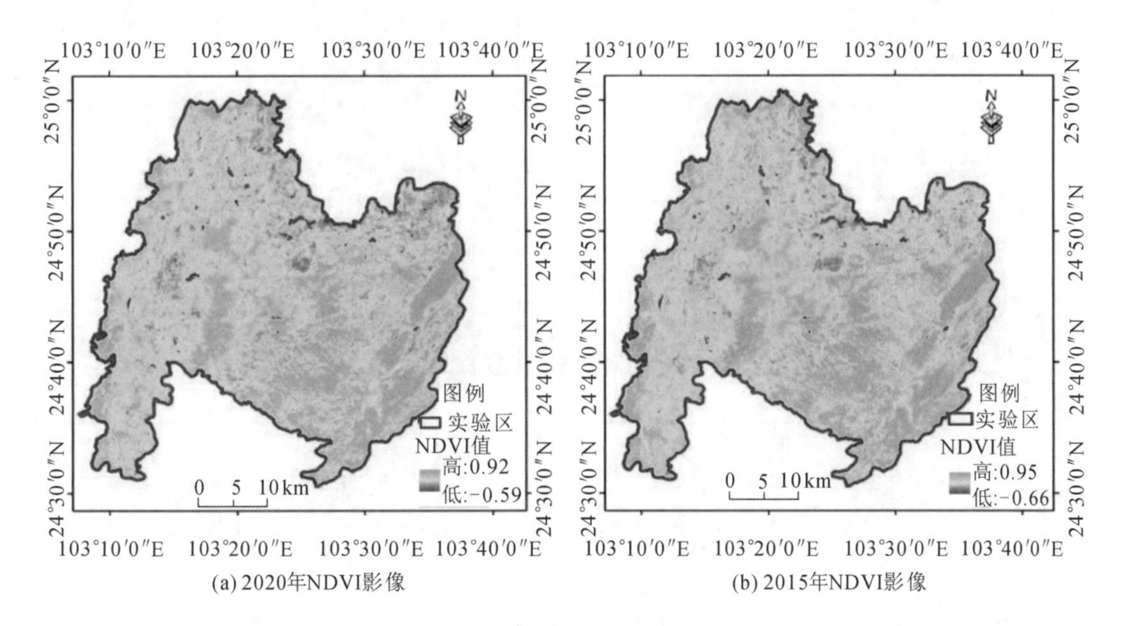

图 10-3　研究区 NDVI 值

（2）植被覆盖度

植被覆盖度(Fraction of Vegetation Coverage,FVC)通常定义为植被(包括叶、茎、枝)在地面的垂直投影面积占所统计地区总面积的百分比。本节主要是利用归一化植被指数的像元二分模型对研究区的植被覆盖度进行估算。研究区的两期植被覆盖度的数据均是在 ENVI5.3 软件中计算完成,植被覆盖度的计算公式为:

$$F_v = \frac{NDVI - NDVI_{veg}}{NDVI_{veg} - NDVI_{soil}} \tag{10-8}$$

式中，F_v 代表通过公式计算得到的植被覆盖度，$NDVI_{veg}$ 表示完全由植被覆盖的像元值，本节取累计频率为95%的像元值，$NDVI_{soil}$ 表示完全无植被覆盖的像元值，本节取累计频率为5%的像元值。研究区2020年与2015年的植被覆盖度如图10-4所示：随着石林县的经济发展，城镇化进度的加快，研究区植被覆盖度情况有所恶化，特别是石林县城附近，植被覆盖度恶化较为明显。同时现阶段研究区内大量搭建黑色大棚种植三七和建设太阳能发电厂，这也是导致研究区植被覆盖度恶化的一个主要原因。研究区中部和西部长湖镇和圭山镇的植被覆盖度等级最高，表明植被保护长期保持良好，对植被的破坏性小。研究区内的大可乡、板桥街道、鹿阜街道、石林街道和西街口镇北部的植被覆盖度最低。

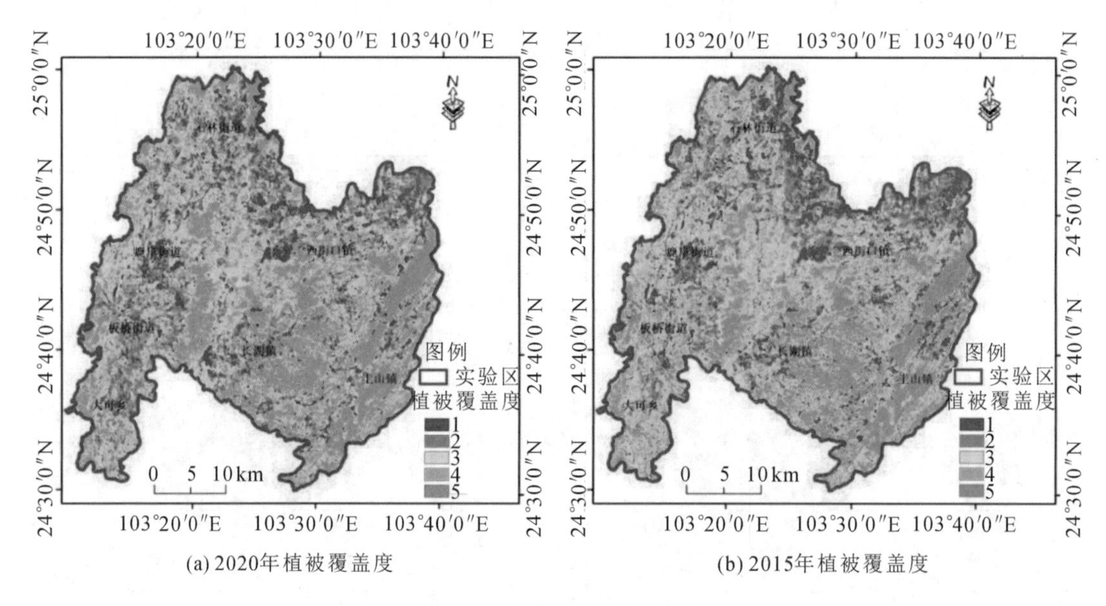

图10-4 研究区植被覆盖度

由图10-4统计可得出研究区植被覆盖度分级及占比(表10-2)，2015年高植被覆盖度的面积是518.48km²，到2020年高植被覆盖度面积依然是518.48km²。2015年低植被覆盖度面积为192.37km²，到2020年增加了18.25km²，占比增加了1.09%。在2015—2020年5年期间中低植被覆盖度向低植被覆盖度和较高植被覆盖度转移了29.64km²，占总面积的1.78%。但向低植被覆盖度转移的面积高于向较高植被覆盖度转移的面积，表明研究区植被覆盖度在2015—2020年间出现一定的恶化情况，但是在这5年期间石林县的城镇化进程加快，增加了大量的建设用地，造成将建设用地误判为低植被覆盖度。因此为使得评价的结果更为合理，在后续石漠化的研究中考虑将建设用地、水体等地物划分为无石漠化区域。

表 10-2　植被覆盖度分级

年份		1	2	3	4	5
2015	面积/km^2	192.37	363.68	332.28	263.74	518.48
	比例/%	11.52	21.77	19.89	15.79	31.04
2020	面积/km^2	210.62	338.17	328.15	275.13	518.48
	比例/%	12.61	20.24	19.64	16.47	31.04

(3) 基岩裸露率

石漠化现象最显著的特征之一是岩石大面积裸露，其在石漠化信息的提取中有着至关重要的作用。在喀斯特地区，岩石表露的碳酸盐岩和石灰岩的光谱特性在短波红外波段(2000～2400nm)具有明显的反射特性，水和羟基的存在与否决定了短波红外波段区域的吸收特征。而石漠化地区的主要成分是石灰土和碳酸盐岩，石灰土在中心波长为 2200nm 时具有清晰易见的单吸收特征，这是因为水吸收和黏土中的结晶相互作用的结果。而在 2200nm 波长时，富含矿物的碳酸盐岩由于光谱特征较强形成单吸收特征，在 2330nm 波长时，富含碳酸根离子表现显著，吸收特性极其明显。因此，在遥感影像中，近红外波段和短波红外波段在石漠化地区具有显著的吸收特性，岩石地物的反射信息较敏感，在提取裸岩率信息时使用近红外波段和短波波段。根据归一化植被指数的思想，本文采用归一化岩石指数(Normalized Difference Rock Index，NDRI)来提取研究区的基岩裸露率，根据 NDVI 的计算思想，通过公式在 ENVI5.3 软件中进行波段计算，得到研究区的基岩裸露率。NDRI 的计算公式：

$$\mathrm{NDRI} = \frac{\mathrm{SWIR_1} - \mathrm{NIR}}{\mathrm{SWIR_1} + \mathrm{NIR}} \tag{10-9}$$

$$F_r = \frac{\mathrm{NDRI} - \mathrm{NDRI_r}}{\mathrm{NDRI_r} - \mathrm{NDRI_0}} \tag{10-10}$$

式中，$SWIR_1$ 表示 Landsat 数据的短波红外波段，对应 Landsat 8 的第六波段；NIR 表示 Landsat 数据的近红外波段，对应着 Landsat 8 影像的第五波段。其中 $NDRI_r$ 是纯由裸露岩石组成时的 NDRI 值，本节取累计频率为 95%的 NDRI 值，$NDRI_0$ 是完全没有裸露岩石组成时的 NDRI 值，本节取累计频率为 5%的 NDRI 值。分析研究区内 2020 年和 2015 年基岩裸露率可以看出(图 10-5)，2020 年的基岩裸露率比 2015 年的范围更广，情况更为严重。研究区在 2020 年高基岩裸露率主要分布于石林县西街口镇东北部和东南部，在石林街道和长湖镇也有着相应的分布。从图中可以明显地看到，2015—2020 年 5 年间，石林县高基岩裸露率的范围明显增大，通过实地调查发现石林县现阶段种植了大量的三七，并新增了建造太阳能电池板的建设用地，同时水体以及道路在提取基岩裸露率时会造成误判，从而导致研究区内高基岩裸露率的范围增大。在接下来石漠化的研究过程中，考虑将研究区三七种植大棚、太阳能电池板建设用地、水体和道路等可能对计算基岩裸露率造成误判的地类均划分为无石漠化区域。

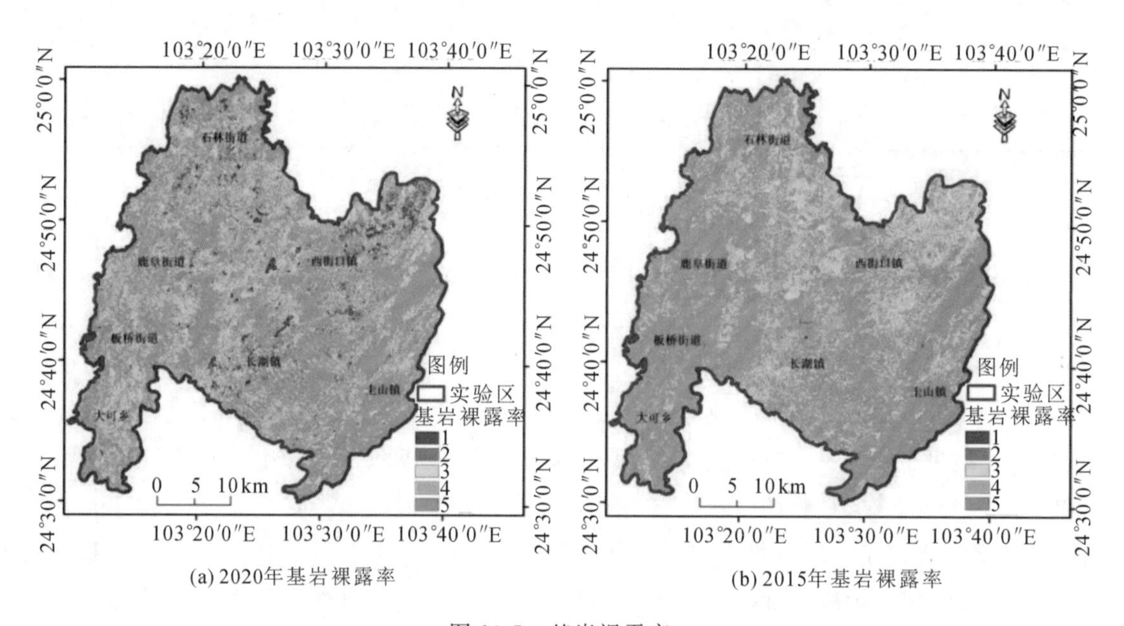

图 10-5 基岩裸露率

由图 10-5 统计可得出研究区基岩裸露率分级及占比(表 10-3)，2015 年高基岩裸露率的面积是 4.05km²，到 2020 年高基岩裸露率增加到了 7.15km²，增加了 3.1km²，占比增加了 0.25%。在 2015—2020 年 5 年间较低和低基岩裸露率增长明显，低基岩裸露率增长了 11.08km²，较低基岩裸露率增长了 6.09km²，中和较高基岩裸露率的范围明显减少，主要为向低和较低基岩裸露率方向转移。以上分析表明，研究区的基岩裸露率保持着较低水平，并且在 2015—2020 年间逐渐向低等级转变，表明石林县近几年的治理成效显著。

表 10-3 实验区基岩裸露率分级情况

年份		1	2	3	4	5
2015	面积/km²	1295.77	166.99	142.92	60.81	4.05
	比例/%	77.57	10	8.56	3.64	0.24
2020	面积/km²	1306.85	173.08	125.77	56.72	7.15
	比例/%	78.23	10.36	7.53	3.40	0.49

2）数据标准化

各指标计算完成之后，为了各指标的量纲一致性，通过统计各指标的最大值和最小值对数据进行正规化处理，使得各个指标数值范围统一到 0～1 之间。归一化处理如下：

$$N_{zi} = \frac{zi - zi_{min}}{zi_{max} - zi_{min}} \times 100\% \tag{10-11}$$

式中，N_{zi}为标准化处理之后某一个指标的值，zi 为该指标在某一指标像元 i 的值，zi_{max}、zi_{min}分别为该指标的最大、最小值。

10.3　结果分析

10.3.1　石漠化分类等级划分

由于不同研究区的尺度与实际情况存在差异，石漠化等级的划分目前还没有形成统一的标准，各石漠化等级所选取的指标以及阈值也有所不同。在石漠化地区水土流失严重，基岩大面积裸露导致植被难以生长。基于遥感识别，在同一像元单位内基岩裸露率越高，植被覆盖率越低（但是在空间上并不是绝对相反），两者可作为反映石漠化情况的重要指标。因此，根据石林县的实际情况，结合前人的分类标准，本研究以基岩裸露率和植被覆盖率为主要指标，将石林县石漠化划分为 5 个等级：无石漠化、潜在石漠化、轻度石漠化、中度石漠化和重度石漠化，具体石漠化分类等级标准见表 10-4。

表 10-4　石漠化分类等级标准

植被覆盖度/%	基岩裸露率/%				
	＜10	10～30	30～50	50～70	＞70
＞70	NORD	NORD	QZRD	QZRD	QZRD
50～70	NORD	QZRD	QZRD	QZRD	QDRD
30～50	QZRD	QZRD	QDRD	QDRD	QDRD
10～30	QZRD	QZRD	QDRD	ZDRD	ZDRD
＜10	QZRD	QZRD	QDRD	ZDRD	SDRD

注：NORD：无石漠化；QZRD：潜在石漠化；QDRD：轻度石漠化；ZDRD：中度石漠化；SDRD：重度石漠化。

10.3.2 石漠化制图分析

本实验中的石漠化制图步骤为：①运用 ENVI5.3 软件得出的 NDVI 值和 NDRI 值基于像元二分模型计算基岩裸露率及植被覆盖度。②通过野外调查结合遥感影像发现，研究区内的三七种植棚、太阳能电池板建设用地、水体、居民地以及道路在提取基岩裸露率时会造成误判，因此本研究进行掩膜处理将其划分为无石漠化区域。此外，大量坡度小于 6°的耕地在遥感识别时极易被误判为石漠化土地，在考察中发现石林县石漠化主要集中在坡度较大的土地上，较平坦的耕地中石漠化面积占总石漠化土地面积的比例小，为了提高石漠化制图的精度，将石林县中坡度小于 6°的耕地划分为无石漠化区域；③在 ArcGIS10.2 中按照石漠化等级分类标准将植被覆盖度和基岩裸露率进行重分类后赋值。

通过栅格计算器对以上图层进行叠置分析，利用土地利用现状图对解译出的石漠化分布图进行修正，得出石林县 2020 年与 2015 年石漠化信息分布图(图 10-6)。

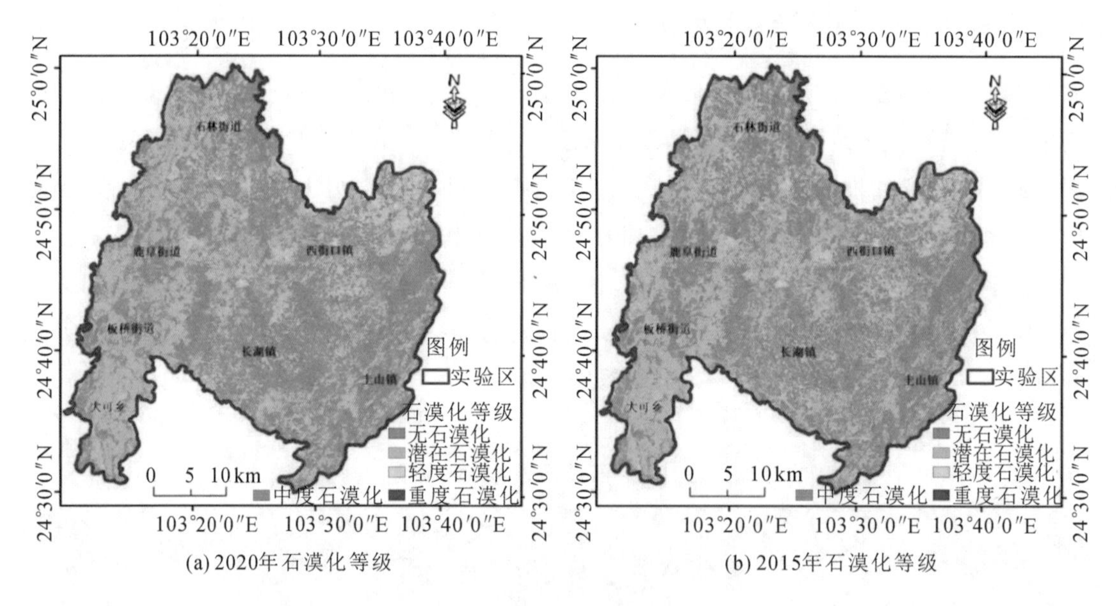

图 10-6 石漠化等级图

从两期的石漠化空间分布图中可以看出：在空间分布上，2015 年中度石漠化、重度石漠化分布散乱，主要集中分布于西街口镇东北部和鹿阜街道东部、长湖镇东南部、圭山镇西南部、大可乡和石林街道南部；在 2020 年长湖镇东南部、大可乡以及鹿阜街道较高等级石漠化的面积减少明显，石漠化区域主要分布于西街口镇东北部和鹿阜街道东北部。总体上，石漠化较严重区域主要分布于西街口镇、鹿阜街道以及圭山镇，中度石漠化区域存在减少的趋势，分布范围呈现分散-集中的趋势。此外，部分地区石漠化分布存在着突变，中度和重度石漠化区域直接变化成无石漠化区域，发生突变集中在居民地附近以及太阳能电池板安装区域。由于居民地的不断扩张、在石漠化土地上新增建设用地，加上石林县近年来不断在石漠化较严重区域进行新能源项目建设，在一定程度上使得石漠化面积减少。

观察石林县 2 期不同等级石漠化面积及比例(表 10-5)得出，从时间变化上看，2015 年、2020 年中度石漠化和重度石漠化总面积分别为 24.35km^2、0.75km^2 和 21.66km^2、0.88km^2。从总体上看，石林县中度和重度石漠化总面积有着一定的减少。同样地，在 2015—2020 年 5 年间石林县轻度石漠化的总面积也有着下降的趋势。相比 2015 年，石林县 2020 年无石漠化区域增长了大约 10km^2，潜在石漠化区域总面积 3.62km^2。虽然对轻度石漠化和中度石漠化治理取得了较好的效果，但是不同等级石漠化之间的自然演变导致潜在石漠化等级和重度石漠化等级的面积有所增加，在后期石漠化治理中对各等级石漠化要做到统筹兼顾。

表 10-5　不同等级石漠化面积及占比情况

年份		无石漠化	潜在石漠化	轻度石漠化	中度石漠化	重度石漠化
2015	面积/km^2	1136.42	428.97	80.06	24.35	0.75
	比例/%	68.03	25.68	4.79	1.46	0.04
2020	面积/km^2	1146.34	432.59	69.07	21.66	0.88
	比例/%	68.62	25.90	4.13	1.30	0.05

为了更好地分析试验区石漠化的发育情况，通过野外考察结合 Google Earth 影像对 2020 年石林县石漠化等级划分结果进行验证。图 10-7 为研究区 2020 年石漠化等级与

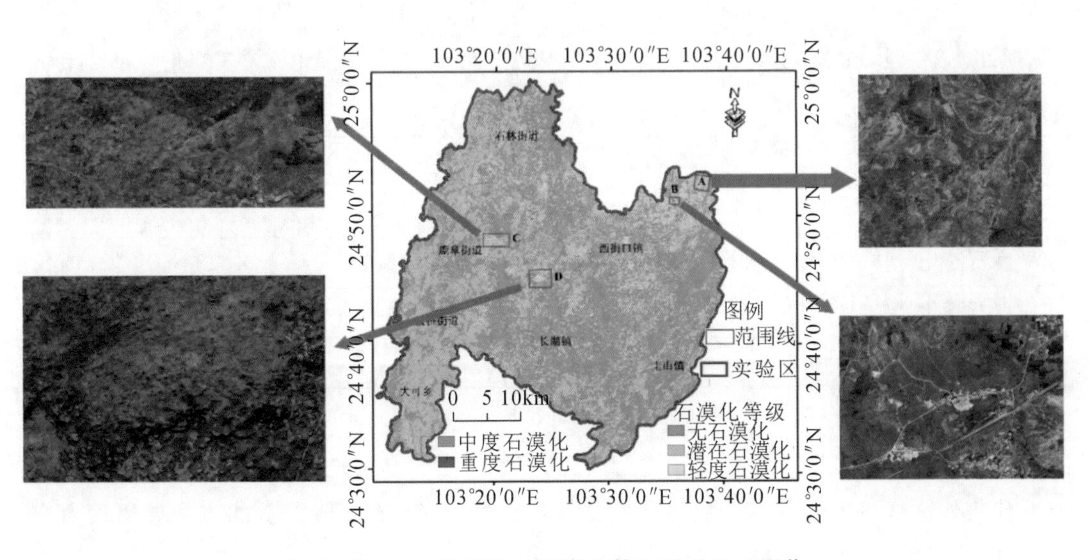

图 10-7　2020 年实验区石漠化等级图及卫星影像

Google Earth 卫星影像，从图中可以看出，基于像元二分法结合植被覆盖度和基岩裸露率能准确对石漠化情况进行识别。以区域 D 为例，该区域位于长湖镇的所各邑村民委员会与祖莫村民委员会，从图中可以看出，在居民地后山存在着大范围的裸露岩石，根据 2020 年石林县第三次全国土地调查数据，该石漠化区域的土地类型为灌木林地，植被覆盖度低，该区域内的石漠化识别结果主要为轻度、中度和重度石漠化区域，从对应的 Google Earth 影像上看，该区域内存在着大量的石漠化区域，其识别结果与实地情况相符。

10.3.3 石漠化转移矩阵分析

本实验基于土地利用转移矩阵计算出石林县石漠化面积转移矩阵（表 10-6），从表中可以看出，2015—2020 年，无石漠化区域向潜在石漠化转移了 113.629km²，向轻度石漠化转移了 19.31km²，向中度石漠化转移了 6.922km²，向重度石漠化转移了 0.335km²；潜在石漠化向无石漠化转移了 117.017km²，向轻度石漠化转移了 0.096km²，没有向中度石漠化和重度石漠化转移；轻度石漠化向无石漠化转移了 23.421km²，向潜在石漠化转移了 7.11km²，没有向中度石漠化和重度石漠化转移；中度石漠化向无石漠化转移了 9.059km²，向轻度石漠化转移了 0.135km²，向重度石漠化转移了 0.417km²，没有向潜在石漠化转移；重度石漠化向无石漠化转移了 0.617km²。在 2015—2020 年，石漠化改善的面积总体上大于石漠化恶化面积，说明石漠化恶化趋势得到遏制。总体上 5 年间石林县的石漠化生态修复取得了一定的成果，石漠化区域得到有效减少。

表 10-6 2015—2020 年实验区石漠化面积转移变化矩阵（单位：km²）

2015 年石漠化等级	2020 年石漠化等级					
	无石漠化	潜在石漠化	轻度石漠化	中度石漠化	重度石漠化	总计
无石漠化	996.227	113.629	19.31	6.922	0.335	1136.423
潜在石漠化	117.017	311.855	0.096	0	0	428.969
轻度石漠化	23.421	7.11	49.532	0	0	80.063
中度石漠化	9.059	0	0.135	14.738	0.417	24.349
重度石漠化	0.617	0	0	0	0.1314	0.748
总计	1146.34	432.594	69.074	21.66	0.883	

本实验对云南省昆明市石林县进行研究，该地位于滇东南地区，对其进行的石漠化分析具有代表性。岩溶地区石漠化主要是由脆弱的自然、生态和地质环境，加之主导驱动力——强烈的人类活动共同作用形成。多方面的原因造成石漠化的出现，因此对石漠化进行治理

时也要做到“多管齐下”。

1. 政策治理

“人增—耕进—林(草)退—岩石出露—土壤侵蚀—石漠化”的恶性循环是导致石漠化面积扩大的主导驱动力。针对这一系列问题，首先，对于人居环境和耕地面积要坚持底线原则，坚持政府提出的永续发展三条红线不动摇，即生态保护红线、永久基本农田红线和城镇开发边界红线。其次，坚守相关法律法规，根据国家出台的《森林法》《水土保持法》《环境保护法》等，对乱砍滥伐、毁林毁草开荒、毁坏水利设施和基本农田、非法征占农用地等破坏生态的违法行为进行严厉查处和打击，实施依法治林，着重设计石漠化“国家生态修复工程”；最后，深入开展石漠化基础科学研究、推动科技攻关、政企合作治理等举措。以上是控制石林县石漠化发展，改善石漠化地区生态环境问题的主要手段。

2. 依法建立生态补偿机制

生态补偿机制是调整保护或破坏生态环境的主体间利益关系的一种制度安排，它不仅能促进生态环境保护，也能促进解决脱贫和生态公平等重大经济社会问题。特别是在林草的配置上，不应实行“一刀切”，要根据具体的自然环境条件和居民的经济收入状况设计。

植被恢复的周期较长，短时间内生态效益难以看到成效，这可能降低农民对植被保护与修复的信心，动力不足难以实现可持续的退耕还林。因此，必须将生态补偿机制纳入法律，“谁发展谁保护、谁受益谁保护”，做到加强补偿标准、延长补贴期限、经济补贴及时到位。通过一系列手段提高农民造林积极性，实现补偿的长期化目标，真正意义上做到生态修复。

3. 石漠化治理的范围

预防潜在石漠化地区石漠化、降低已有石漠化地区的石漠化程度是石漠化治理措施的重点。对于恢复希望较大的区域，应采取较大力度的政策措施来使区域生态环境得到尽快恢复。农业人工种植干预、生态移民搬迁、退耕还林等都是行之有效的解决办法。对于恢复困难的区域，也不应放弃它恢复的可能性，制定长远的目标和监管机制，保证当地植被恢复与经济发展的长期性、有效性。

4. 树种选择

科学有效地选择树种进行栽培驯化和管理是搞好人工造林的关键一步。在选择树种时应遵循生态发展与经济建设双耦合的战略原则，尽可能地优先考虑本地民众的切身利益，使得地区生态和经济都能同时得到较大规模且合理有效的经营发展。可以选择当地自然环境条件下产出的各种优良果树、茶树、特色花卉、药材等资源以及各种生态高功能植物；同时从生物多样性保护和群落稳定性维持的宏观角度上出发，合理、科学地配置和利用造林物种，激发出群落植物的最大恢复潜力，使得整体的生态效益提升。

5. 社会责任

对相关研究人员来说，在生态经济严重落后的地区进行全面的生态恢复，实施难度很大，单从政策理论上规划和设计具体恢复措施也是行不通的，研究人员必须结合本当地经济和生态环境的实际情况，做到兼顾经济效率和生态效益并重，才可能从中找到适合该区域的切实可行的生态恢复途径。对相关政府行政人员来说，应提高在党的领导下的执法部门生态意识水平和管理水平，要转变对生态恢复狭隘的认识，不以单纯追求短期政绩为目标，应聚焦民生问题，让人民能从中看到真实的希望，得到真正实惠，从而树立更加坚定的信心，实现其“建生态家园，走富裕之路”的宏伟生态与经济的可持续发展目标。

10.4 小　结

通过实施石漠化综合治理、退耕还林工程、公益林生态效益补偿等重点项目，石林县的生态环境得到改善，林下经济也得到了发展。2020 年，石林县林产品采集产量从 2014 年的 3286 吨增长至 16945 吨，产值从 4933 万元增长至 11954 万元，产量、产值分别增长 5 倍、2.4 倍。

石漠化的治理应以水土流失综合治理为核心。石漠化治理应遵循水土保持的原则，因地制宜。要坚持以水土流失综合治理为核心，以提高水土资源的永续利用率为目的，把石漠化治理与退耕还林、防护林种植、水土保持、人畜饮水、扶贫开发等生态工程有机地结合起来，加以综合防治。防治石漠化的对策，首先要立足保护好岩溶地貌地区尚未发生石漠化的地方，防止其发生石漠化，预防潜在石漠化区域恶化；对于已发生石漠化的地区要实行综合治理，使其逐步向良性发展，重点应放在轻度和中度的石漠化区域的治理上。在后期可以以两年为周期，建立长时间序列石漠化监测体系，即下载每年相应的 Landsat 8 OLI 影像对研究区石漠化区域进行识别，对研究区的石漠化情况进行监测。

第 11 章
基于深度学习的 GF-2 水体分割方法研究

11.1 实验数据及方法

11.1.1 实验数据

1. 数据集

由于数据集的标签制作需要考虑准确性和制作效率，因此本次实验使用了武汉大学制作的 GID 数据集。该数据集由 150 张 GF-2 影像组成，每幅图像尺寸均为 6800×7200，且包含水体、建筑、农田、森林、草地五类标签图。该数据集的图像囊括了中国的 60 个城市和农村，覆盖面积超过五万平方千米。且其包括相同区域不同季节、不同光照条件下的大量样本，因此在光谱、纹理、结构上具有极为丰富的多样性。大量的样本使得该数据集有很强的代表性。

在该数据集中选取了 50 幅水系分布均匀的遥感影像，作为本次实验的数据集。由于该图像除了水体以外还有其他地物的标签，为了更加准确地应用到水体提取中，首先对标签图像进行 RGB 颜色变换，将其转换成水体分布的二类标签图。随后按照 4∶1 的比例选取训练样本和预测样本，即 40 张训练样本，10 张用于预测。

由于计算机内存有限，无法一次容纳整幅遥感影像作为输入，因此需要对训练用的 40 张影像进行裁剪以得到合适大小的输入图像。本节采用的裁剪方式为随机裁剪，对 40 张影像裁剪后得到两万张 256×256 大小的图像，随后按照 9∶1 的比例划分训练集和测试集。为了缓解样本不均可能对训练造成的不良影响，也为了增强输入图像中水体的占比，我们在裁剪时设置了判断条件，保证每一幅裁剪图像中水体的比例不低于 10%。图 11-1 显示了预处理后的部分数据集。

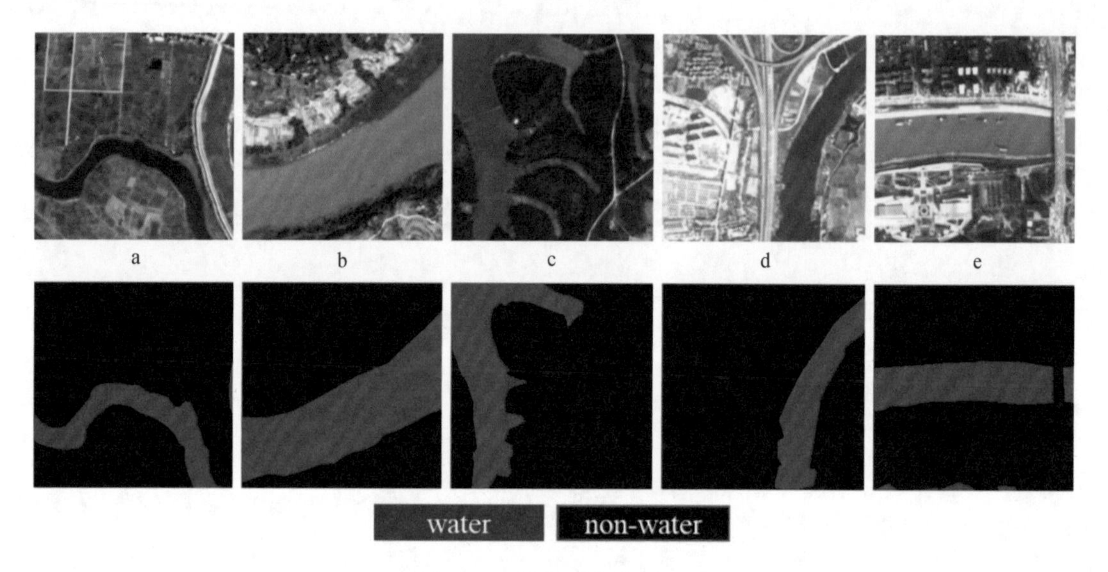

图 11-1　部分训练数据集

2. 实验环境配置

本次实验使用的计算机配置为 Intel(R) Core(TM) i7-12700H，2.70 GHz 显卡，6GB 显存。深度学习框架采用 PyTorch2.0.0，GPU 运算平台为 NVIDIA 公司 CUDA11.0，深度学习 GPU 加速库为 CUDNN8.0。这些硬件和软件配置的高效协同，使得实验能够以更快的速度完成。为了保证实验的公正性和可靠性，所有模型采用的损失函数均为交叉熵损失函数，模型优化器均为 Adam 优化器，超参数设置保持一致。具体而言，初始学习率为 0.0001，总迭代次数为 50 次，batch_size 设置为 2。本次实验的二分类交叉熵损失函数如式 11-1 所示。

$$L=\frac{1}{N}\sum_{i}L_i=\frac{1}{N}\sum_{i}-[y_i\cdot\log p_i+(1-y_i)\cdot\log(1-p_i)] \tag{11-1}$$

式中：N 代表图像中像素的总数，y_i 表示第 i 个像素的标签值（0 或 1），正类（水体）为 1，负类（非水体）为 0；p_i 表示第 i 个像素被预测为正类（水体）的概率。

11.1.2　实验方法及步骤

本实验提出了一种名为 AAM-Net 的水体提取方法，该方法很好地利用了多尺度信息来提高水体提取的准确性和鲁棒性。AAM-Net 的网络主体使用了 U-Net 网络的编码器-解码器结构，但对其进行了改进。首先，对于原始 U-Net 编码器的最后一层下采样部分，采用并行连接的方式将其与 ASPP 中的空洞卷积模块进行连接，以提高网络感受野，增强网络对上下文语义信息的聚合能力。同时，这种并行连接方式也能够避免由于水体影像的多尺度问题导致的特征表达能力弱的问题。其次，为了更好地结合空间信息和语义信息，在网络的跳跃连接处添加了 CBAM 模块，使解码器能够恢复更多的空间信息，并增强网络对通道信息的关注度，从而使解码器能够更好地恢复水体的细节信息。最后，采用转置卷积层和上采样操作，将编码器提取的特征图恢复到原始图像大小，并进行像素级别的分类。整体网络的详细架构如图 11-2 所示。

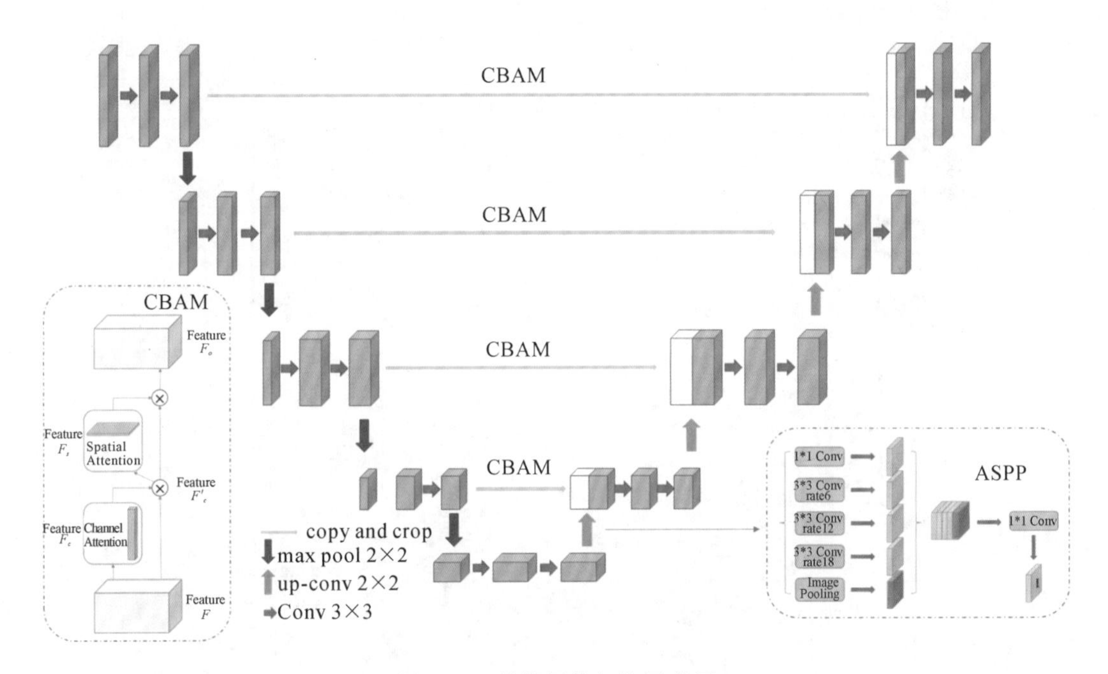

图 11-2　整体网络架构示意图

1. U-Net 框架

U-Net 模型是一种基于深度卷积神经网络的图像分割模型，其网络架构可以分为编码器和解码器两个部分。

左侧编码器部分是由经典的卷积神经网络组成，用于缩小输入图像的空间尺寸，并提取高层次的特征表示。主要包括 4 个下采样层，每个下采样层使用两个步长为 1 的 3×3 大小的卷积核进行卷积运算，然后将运算结果传入到 ReLU 函数进行激活，最后使用 2×2 的最大池化操作进行下采样，使得图像特征的尺寸缩小，分辨率降低，通道数扩增至原来的 2 倍。在经过 4 次下采样操作后得到影像的浅层局部特征和深层语义特征。

右侧解码器部分则采用了转置卷积对特征提取部分得到的特征图进行恢复，使其分辨率增高,从而实现对目标物体的精准定位。在解码器中,每个步骤都包括一个上采样层和一个转置卷积层,其中上采样层将输入的低分辨率特征图通过转置卷积或者双线性插值等方式还原为原始分辨率大小的图像。通过跳跃连接(skip connection)操作,解码器将还原后的特征与对应编码器中的特征进行有效融合,从而生成更准确的分割结果。此外,解码器还利用一系列卷积层和激活函数对合并后的特征图进行卷积操作,以获得更多的特征信息,并再次利用转置卷积对图像进行还原。为了进一步提高分割结果的准确性,U-Net 网络模型在最后一层还采用了 Softmax 函数作为激活函数,以生成归一化的像素级别的预测结果。其整体架构如图 11-3 所示。

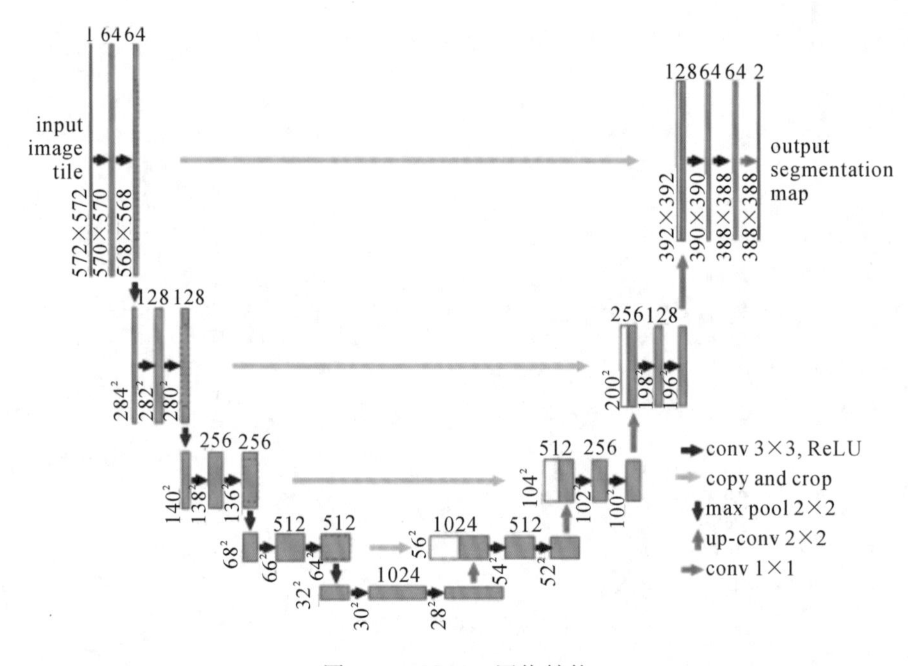

图 11-3 U-Net 网络结构

2. CBAM 模块

注意力机制是一种在图像处理中广泛应用的技术,它可以帮助模型自适应地关注图像中不同的区域和细节信息,从而提高模型的性能和准确度。在图像分类、目标检测和图像分割等任务中,都可以使用不同类型的注意力机制,例如空间注意力机制、通道注意力机制和融合注意力机制等,来提高模型的表现。通过注意力机制,模型可以更好地处理不同的图像特征,从而实现更精准的图像分析和理解。

在语义分割任务中,利用遥感影像提取地物信息存在类内差异,造成这个现象的原因之一是缺乏空间上下文信息的引导。增大感受野虽然能有效保留上下文信息，但感受野过大会引入大量的噪声和冗余的信息，从而影响整体分割性能。因此，为了获取足够的全局上下文信息以建立远距离依赖关系，我们需要使用空间注意力机制。此外，由于不同的特征通道可能具有不同的重要性，有些通道可能对识别目标更加关键，而有些通道可能不太相关。因此，还需要引入通道注意力机制来加强对关键通道的关注，从而提高模型的性能。

本实验引入卷积注意力模块（Convolutional Block Attention Module，CBAM），该模块包含两个独立的子模块，一个是用于关注空间位置信息的空间注意力模块（Spartial Attention Module，SAM）以及一个关注不同特征通道的通道注意力模块（Channel Attention Module，CAM）。CBAM 的整体架构如图 11-4 所示，该网络将一个输入的特征图分别从两个方向传入该模块，生成两个经过注意力机制运算后的特征图，然后把输入特征和两个注意力特征图进行相乘运算得到最终的精细化注意力特征图。

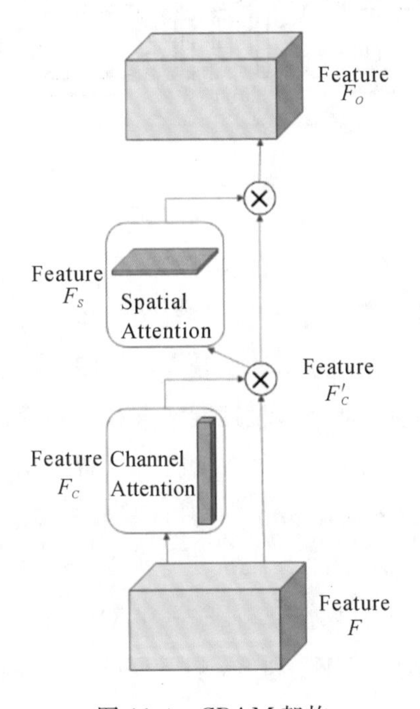

图 11-4　CBAM 架构

具体来说，给定一个特征 F，大小为 $C\times W\times H$（C 为特征图的通道数，W 和 H 分别为特征图的宽度和高度），将其输入 CBAM 模块。该模块首先将输入的特征 F 在 CAM 中进行运算，生成一维向量 $M_C(C\times1\times1)$，将 F 与 M_C 相乘生成一个权重匹配的 F'_C，再将 F'_C输入到 SAM 中生成二维矩阵 $M_S(1\times W\times H)$，然后再把 F'_C与 M_S 相乘与空间权重匹配得到 F_O，计算式如式(11-2)、式(11-3)所示。

$$F' = M_C(F) \otimes F \tag{11-2}$$

$$F'' = M_S(F') \otimes F' \tag{11-3}$$

1）通道注意力机制 CAM

通道注意力机制是在保证图像通道维度不变的情况下，压缩空间维度。其核心思想是对输入特征图的不同通道进行自适应的权重分配，以提高对不同通道特征的关注度，从而更好地捕捉不同通道之间的关系和特征。如图 11-5 所示，CAM 拥有平均池化和最大池化两条并行的池化路径，平均池化用来获得聚合的空间信息，而最大池化可以收集到更多的特征。通过这两个特征可以同时考虑每个通道的最显著特征和整个通道的全局特征，从而更好地捕捉不同通道之间的关系和特征。

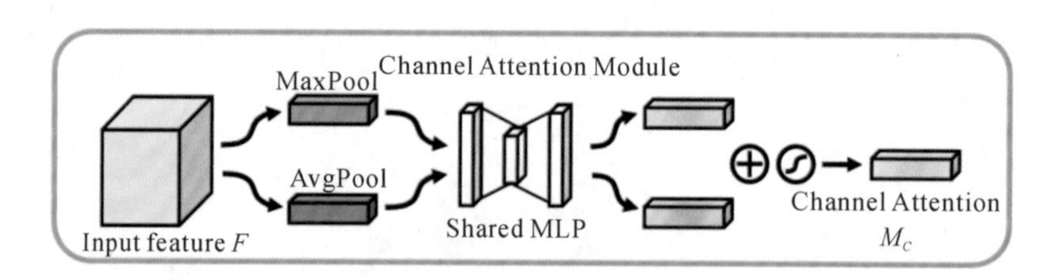

图 11-5　通道注意力机制示意图

在经过两个并行的池化操作后，所得的特征 AvgPool(F)和 MaxPool(F)会被送入一个共享网络进行空间维数的压缩，得到两个输出特征 F_{avg}^C 和 F_{max}^C。通过共享网络，可以学习得到每个通道的权重，这些权重将被用于对原始输入特征图进行缩放，以得到重要通道的更强响应，并抑制不重要通道的响应。具体来说逐元素求和合并后再使用激活函数，获得输入特征层每一个通道的权重（0～1 之间），最终将权值与原特征层相乘后得到通道注意力特征图。假设特征 F 的通道注意力图记作 $M_C(F)$，其计算公式如式(11-4)所示：

$$\begin{aligned} M_C(F) &= \sigma(\text{MLP}(\text{AvgPool}(F)) + \text{MLP}(\text{MaxPool}(F))) \\ &= \sigma(W_1(W_0(F_{\text{avg}}^C)) + \sigma(W_1(W_0(F_{\text{max}}^C)) \end{aligned} \tag{11-4}$$

其中 σ 表示 Sigmoid 激活函数，W_0 和 W_1 表示网络隐藏层权重和输出层权重。

2）空间注意力机制 SAM

与通道注意力机制不同，SAM 主要是基于对不同空间位置的像素进行关注，使得网络更加关注图像中的重要区域，从而提高分类的准确性。其核心思想是利用特征间的空间关系生成空间注意图，主要是完成对通道的压缩。如图 11-6 所示，对于输入的特征 F，SAM 首先沿着通道方向对其进行最大池化和平均池化的操作，分别得到了通道级别的两张二维的特征图 F_{avg}^s 和 F_{max}^s。接着 SAM 将两个特征图进行空间维度的级联，再利用一个 7×7 的卷积层进行卷积，该特征图的每个像素都由对应像素在通道级别的均值特征和最大特征计算得到，最后利用激活函数进行归一化处理，以保证像素的权重值在 0 到 1 之间。得到空间注意力图记为 $M_S(F)$，其计算公式如式(11-5)所示：

$$\begin{aligned} M_S(F) &= \sigma(f^{7\times7}([\mathrm{AvgPool}(F);\mathrm{MaxPool}(F)])) \\ &= \sigma(f^{7\times7}([F^s_{\mathrm{avg}};F^s_{\mathrm{max}}])) \end{aligned} \tag{11-5}$$

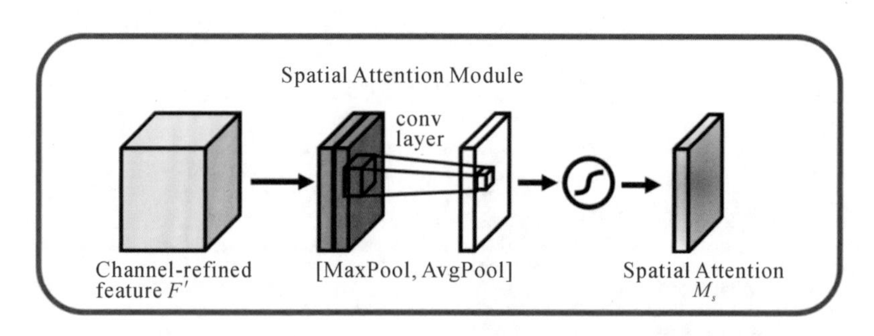

图 11-6　空间注意力机制示意图

3) ASPP 模块

ASPP 模块是一种用于解决卷积神经网络中感受野大小限制问题的技术。在传统的卷积神经网络中，由于卷积核的大小和网络的深度限制，很难获取更广泛和多样化的上下文信息。因此，为了解决这一问题，ASPP 模块通过增加并行卷积核的大小和数量，以及添加全局池化操作，来扩大感受野并增加其分辨率，从而更好地捕获多样化的上下文信息。这种技术的提出对于提高卷积神经网络的性能具有重要意义，使得神经网络可以更准确地理解和处理复杂的视觉数据。

ASPP 模块的核心是空洞卷积(Dilated Convolution)，它的主要贡献是在标准卷积的基础上引入不同膨胀率(Dilation Rate)的空洞，以此来增加感受野。图 11-7 显示了不同膨胀率的空洞卷积，其计算公式为：

$$y[i] = \sum_{k=1}^{k} x \cdot [i + r \cdot k] \cdot w \tag{11-6}$$

其中，$y[i]$表示输出特征图，x 指输入特征图，w 为卷积核，k 是指卷积核尺寸，r 为卷积核的膨胀率。由上式可以看出，空洞卷积通过改变膨胀率大小来调整卷积核的感受野，但计算参数量并未增加。

ASPP 的整体结构如图 11-8 所示，其输入为骨干网络提取的特征图，经过 1×1 卷积操作处理后最终得到输出特征图。该模块利用 3 个 3×3 卷积核，分别设置不同的膨胀率，得到具有不同尺度感受野的特征图。由于空洞卷积扩张率增加时，可能导致信息来源不准确，因此采用全局平均池化模块来整合全局信息。最后，ASPP 模块将三个特征图沿通道方向合并，并通过 1×1 卷积核进行通道调整，以得到更好的特征表达能力和提高语义分割的准确性。

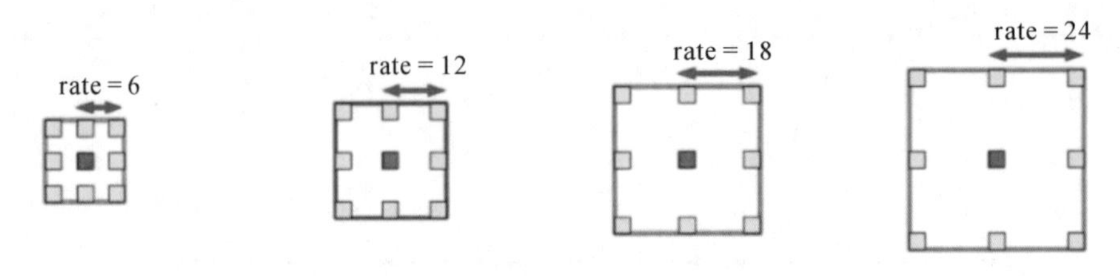

图 11-7 不同膨胀率的空洞卷积图

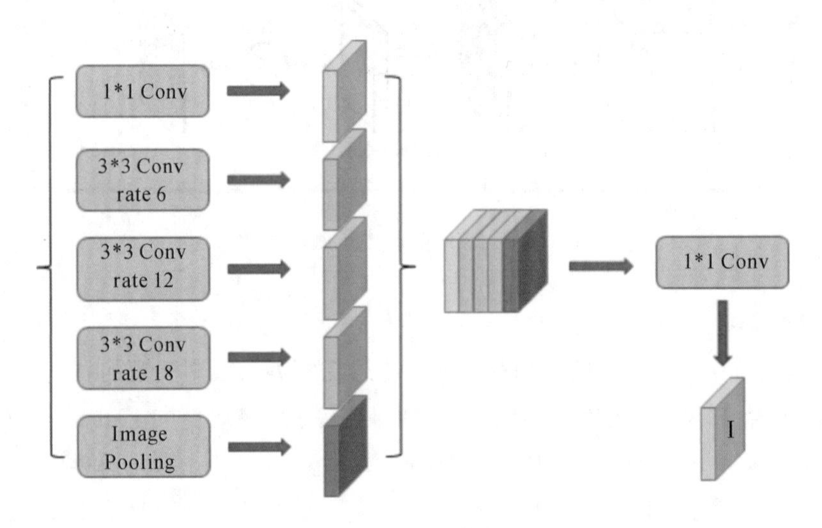

图 11-8 ASPP 结构图

4）模型训练

（1）训练过程与评价指标

① 训练过程分析

在同等条件下完成了 50 次的迭代训练，得到了模型在 GID 训练集上的损失值、mIoU 随迭代次数的变化曲线，如图 11-9 所示。图 11-9(a)反映了 mIoU 随迭代次数的变化趋势，其中横坐标为迭代次数。可以看出，在前面 30 次迭代中模型的 mIoU 存在波动，而后模型逐步趋于稳定，经过 50 次迭代后模型整体收敛。图 11-9(b)的结果说明了 AAM-Net 网络模型的性能在训练集和验证集中表现优异。图(b)展示了迭代次数与模型损失之间的变化关系，一般来说，随着迭代次数的增加，loss 值越小说明模型的拟合程度越高。因此，从图 11-9 可以看出，该网络模型在训练集和验证集中性能表现较好。

② 评价指标

基于遥感图像的水体提取问题，实质上可以看成是二分类的语义分割问题，因此为定量描述本实验所提网络性能，实验选取了深度学习常用的几个评价指标，分别为：平均交并比

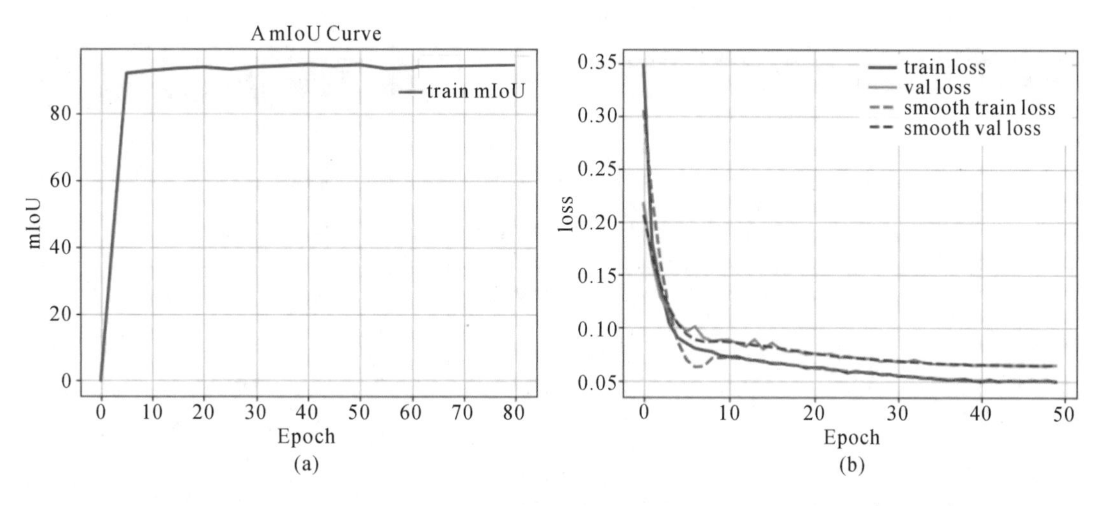

图 11-9　模型训练 mIoU 与 loss 验证

(mIoU)、查准率(Precision)、召回率(Recall)、F_1 分数(F_1-Score)以及类平均像素准确率(mPA)五项评价指标，具体如表 11-1 所示。

表 11-1　语义分割评价指标

指标名称	公式	含义
平均交并比(mIoU)	$\text{mIoU}=\frac{1}{k+1}\sum_{i=0}^{k}\frac{\text{TP}}{\text{TP}+\text{FP}+\text{TP}}$	平均交并比是语义分割任务中最常用的指标之一，它反映了模型预测结果与真实标注之间的相似度。交并比指预测结果与真实标注的交集与并集之比，取值范围为 0 到 1，值越高说明模型的预测结果与真实标注越接近。平均交并比则是对所有类别的交并比求平均得到的结果
查准率(Precision)	$\text{Precision}=\frac{\text{TP}}{\text{TP}+\text{FP}}$	查准率是指模型预测为正类的样本中，真正为正类的比例。其中 TP 表示真正为正类的样本数，FP 表示预测为正类但实际为负类的样本数。查准率高表示模型预测的结果更加可靠
召回率(Recall)	$\text{Recall}=\frac{\text{TP}}{\text{TP}+\text{FN}}$	召回率是指所有真实正类样本中，被模型正确预测为正类的比例。其中 TP 表示真正为正类的样本数，FN 表示实际为正类但被预测为负类的样本数。召回率高表示模型能够识别出更多的正类样本

续表

指标名称	公式	含义
F_1 分数 (F_1-Score)	$F_1=2\frac{\text{Precision}\times\text{Recall}}{\text{Precision}+\text{Recall}}$	F_1 分数是查准率和召回率的调和平均值，它综合了查准率和召回率的性能指标。F_1 分数越高表示模型在查准率和召回率上的表现越好
类平均 像素准确率 (mPA)	$\text{mPA}=\frac{1}{K}\sum_{1}^{K}\frac{\text{TP}}{\text{TP}+\text{FP}}$	类平均像素准确率是指所有类别的像素准确率的平均值，其中 TP 表示真正为正类的像素数，FP 表示预测为正类但实际为负类的像素数。K 表示类别数。类平均像素准确率反映了模型在各个类别上的性能表现

11.2 结果分析

11.2.1 消融实验

为了验证所提出的 AAM-Net 网络的有效性，本节进行了消融实验，主要探究网络中两个关键模块 CBAM 和 ASPP 的影响。实验总共分为四组：第一组中同时移除 CBAM 以及 ASPP 模块，记为 U-Net*；第二组中移除 CBAM 模块，仅添加 ASPP 模块，记为 add-ASPP；第三组移除了 ASPP 模块，仅使用 CBAM 模块，记为 add-CBAM；第四组使用了完整的模型，同时包括 CBAM 和 ASPP，记为 AAM-Net。

如表 11-2 所示，相较于 AAM-Net 模型，其他三组网络模型分割性能均有所下降，说明加入 ASPP 和 CBAM 模块对提高网络分割精度有一定的效果。与 U-Net* 相比，add-ASPP 网络中类平均像素准确率提升 0.95%，查准率提升了 4.68%，F_1 分数增加了 2.47%，平均交并比增加了 1.79%，这是因为在使用 GID 数据集进行实验时，水体的尺度信息变化较大，加入 ASPP 能够更有效地提升不同尺度信息水体的利用度，定量反映了加入 ASPP 模块能够增强分割性能，有效增强水体分割的准确率。而 add-CBAM 模型的准确率较 U-Net* 提升了 6.7%，查准率增加较少，仅提升了 0.53%，mIoU 增长了 7.29%，而 F_1 分数上涨幅度最高，达到了 9.93%，与使用 add-ASPP 模块相比，引入 CBAM 模块可以更有效地提高网络模型在水体提取时的 F_1 分数，这说明添加 CBAM 模块能够增强网络对于关键特征的关注程度，从而识别出更多的水体，模型的预测结果也更加可靠。本节所提网络 AAM-Net 结合两个模块，不仅使得网络在特征提取时能准确利用空间和通道信息，还能使网络有效增大感受野，更有效地整合上下文信息，有效提高水体分割的精度，其准确率高达 84.87%。与 U-Net* 相比，AAM-Net 网络的 F_1 分数提升了 10.8%，mIoU 上升高达 8%。

表 11-2　不同模块对网络分割能力的影响

模型名称	mPA	Precision	F_1-Score	mIoU
U-Net*	77.56	93.94	69.87	73.77
add-ASPP	78.51	**98.62**	72.35	75.56
add-CBAM	84.26	94.47	79.81	81.06
AAM-Net	**84.87**	94.60	**80.67**	**81.82**

注：加粗字体为最优结果。

为了能够直观表示各个模块在 AAM-Net 中的效果，从测试集中选取了几个典型图像进行对比分析。从图 11-10 中可以看到，相对于 U-Net* 模型，AAM-Net 能够更好地识别水体边缘和细小的水体信息，提高水体分割的精度。进一步分析可以发现，AAM-Net 在识别水体边缘时，有着较好的空间连续性，能够有效避免出现断层现象。而加入 CBAM 模块的 add-CBAM 网络能够更好地处理农田建筑等类别的错误分类，通过对模型注意力的引导，能够减少模型对于类别之间的干扰，从而提高模型分类的准确性。加入 ASPP 模块的 add-ASPP 网络能够更好地识别不同尺度的水体信息，通过对不同尺度的特征进行汇聚，可以提高模型对于多尺度水体的识别能力。

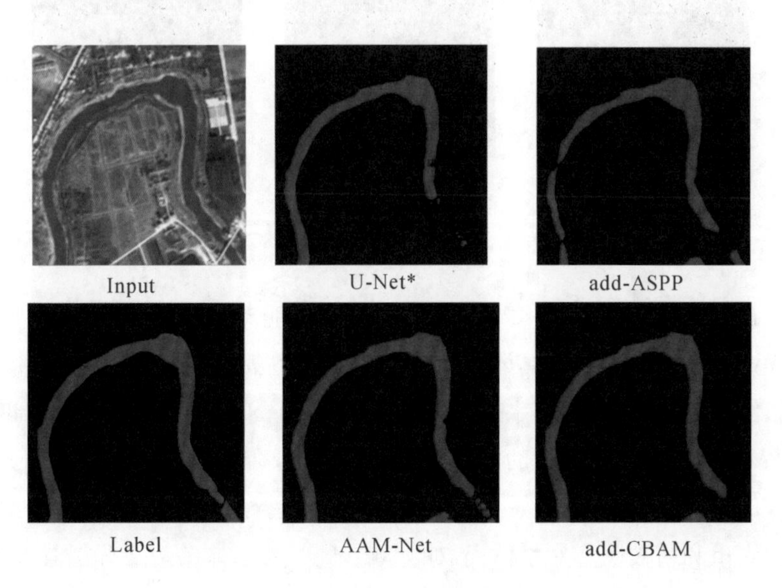

图 11-10　不同实验水体提取结果

11.2.2 不同网络的对比实验

为了比较 AAM-Net 模型在不同地区(农村、城市、山区)水体提取的性能，本节选取 PSPNet、DeepLabV3+以及 U-Net 网络模型作为对比模型，利用 GID 测试集中不同地区的图像进行验证，得到不同地区的对比实验结果。

1. 农村地区

图 11-11 为农村地区的遥感图像分割结果对比。从图像中可以看出，农村地区水体形态较为复杂，且周边有农田、植被等干扰，提取难度较大。本节提出的方法由于结合了 CBAM 模块，对影像的关键特征赋予了更高的权重，获得了精准的水体特征的空间和通道信息，使得农田、植被信息干扰减弱，从而提高了模型的水体特征提取能力。

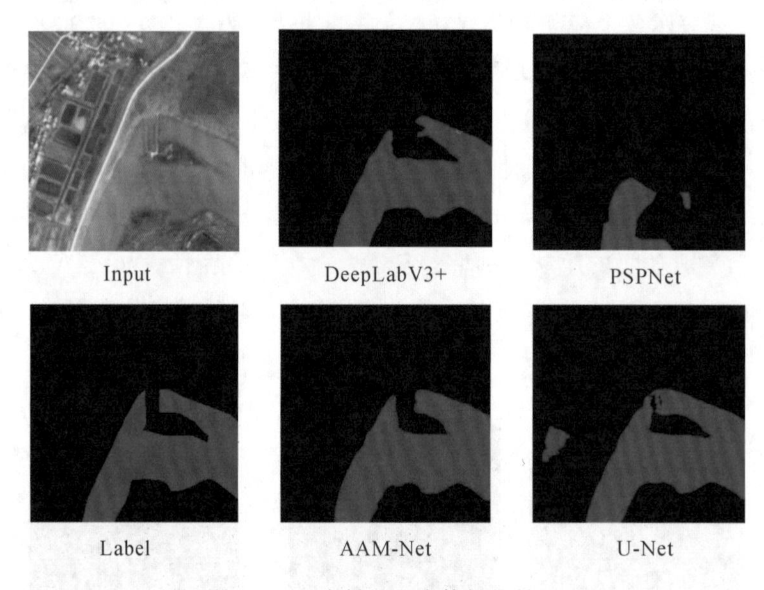

图 11-11 农村地区水体提取结果

从图像的预测结果来看，除 PSPNet 外其余实验均能有效提取水体特征，但对于植被和农田阴影的噪声去除效果不同。具体来说，PSPNet 模型虽然在 VOC 数据集中表现优异，但并不适用遥感图像的水体提取，其水体分割效果最差；U-Net 模型虽然能有效识别农村地区的水体，但对农田以及植被等阴影的辨别能力仍有不足，会出现将农田信息错分为水体的情况；DeepLabV3+虽然能有效提取水体信息，但对水体边缘的分割效果较差；本节所提方法能够有效减少农田和植被阴影对水体提取的影响，同时对水体的边缘分割效果也有所提升。

对农村地区各个模型的语义分割结果使用了 mPA、mIoU、Precision 和 F_1 等指标进行评价，如表 11-3 所示，相比其他网络模型，AAM-Net 在像素精度和 mIoU 上分别比 U-Net 网络模型上涨了 0.65%和 1.46%。

表 11-3　农村地区不同网络分割结果对比

模型名称	mPA	Precision	F1-score	mIoU
U-Net	96.68	91.10	92.83	91.38
DeepLabV3+	97.09	**96.04**	93.41	92.09
PSPNet	79.91	74.18	28.45	47.89
AAM-Net	**97.33**	94.80	**94.06**	**92.84**

注：加粗字体为最优结果。

2. 城市地区

图 11-12 为城市地区的遥感图像分割结果对比。与农村地区不同，城市地区水体多为水渠、池塘、水库等。城市地区水体形态较为规则，但受城市化发展的影响，水体周边大多有建筑物以及道路阴影的存在，且水体的分布以及尺度信息不同，水体提取难度有所增加。AAM-Net 网络在城市地区水体语义分割的优势在于利用了 ASPP 模块，能够有效利用水体的不同尺度信息，增大了图像的感受野的同时使得网络模型能够更好地整合图像上下文信息。

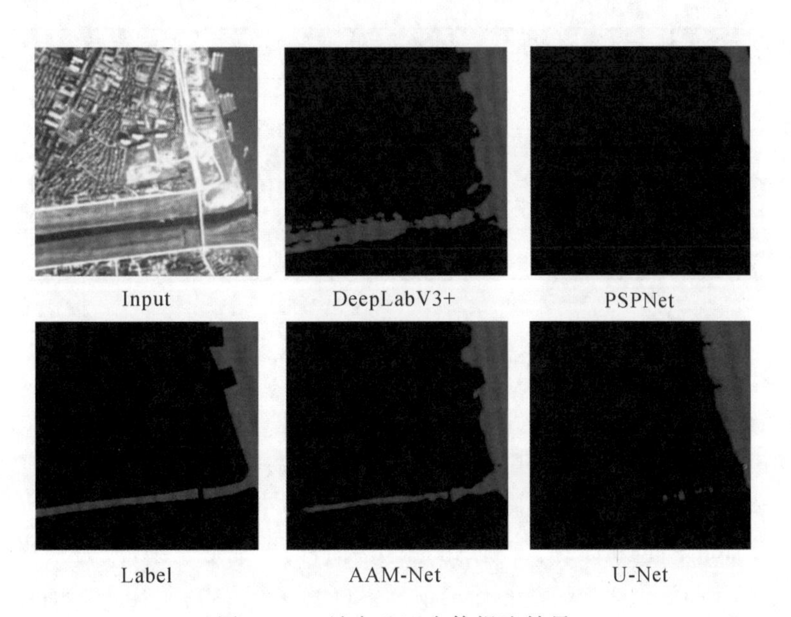

图 11-12　城市地区水体提取结果

如图 11-12 所示，在城市地区的水体提取中，可以看到 PSPNet 模型与其他网络相比，水体提取出现明显的漏分，无法准确识别出细小河流。出现这个问题的原因可能是其对于细小水体的敏感性较差，由于 PSPNet 网络使用的特征提取模块获取上下文信息的方式是将输入特征进行不同比例的池化操作，然后再将池化结果拼接在一起得到特征图，这种级联的池化操作就会导致图像的信息丢失，无法准确识别小尺度水体。虽然 DeepLabV3+在水体多尺度信息利用的方面效果较好，能够较为完整地识别出细小河流。但由于河流两旁道路信息的几何特征和光谱特征与水体极为相似，可以看出 DeepLabV3+网络出现了明显的误判，将道路信息错误识别为水体。此外该模型在水体的边缘细节处提取效果较差，空洞卷积的卷积核中间存在一定的空洞，而仅使用空洞卷积会出现网格效应，导致水体信息的连续性受损，降低了水体提取效果。U-Net 网络仅通过将编码器和解码器之间加入跳跃连接来融合不同尺度的水体信息，导致无法精准识别出细小水体。此外，对于河流上方船舶等物体的辨别能力较差，无法有效避免河流表面非水地物的噪声干扰，导致错分现象严重。而 AAM-net 网络能够有效避免城市道路、建筑物带来的“异物同谱”的问题，不仅能完整提取大尺度河流信息，而且能完整提取细小水体，且水体的边界信息较为完整。因此结合多尺度处理模块 ASPP 和注意力机制能够有效提升不同尺度水体提取精度，增强水体特征的空间信息和细节信息。

表 11-4　城市地区不同网络分割结果对比

模型名称	mPA	Precision	F_1-Score	mIoU
U-Net	95.05	87.13	77.14	78.75
DeepLabV3+	94.94	73.12	81.40	81.42
PSPNet	60.37	**96.05**	33.66	55.20
AAM-Net	**96.28**	91.98	**83.08**	**83.50**

注：加粗字体为最优结果。

3. 山区

图 11-13 为山区的遥感图像分割结果对比。山区的水体多为溪流、瀑布等，往往在遥感影像中表现为不同的颜色和纹理。与城市地区不同，山区地形复杂，人为干扰少，水体形态多变。另外，山区地形陡峭复杂，冰雪和植被等干扰因素多，使得水体与周围环境难以区分，从而增加了遥感影像提取水体的难度。因此，在提取水体时需要考虑遥感影像的光谱特性

和噪声等因素的综合影响。本章所提的方法在特征提取阶段使用了 CBAM 注意力机制，可以更好地捕捉水体的特征，提高模型的识别能力，此外通过 ASPP 模块增加了模型的感受野，提高了对复杂地形和不规则水体的识别能力。

如图 11-13 所示，为五种模型在山区的提取效果。其中 PSPNet 与其他网络相比效果较差，虽然 PSPNet 的金字塔池化模块可以提高模型对于大尺度物体的识别能力，但由于山区水体形状不规则，边缘信息不连续，因此在进行金字塔池化后，会把边缘信息和其他背景混淆，导致模型对不规则形状的水体识别能力下降。DeepLabV3＋网络对不规则水体的分割较为完整，但受到水体周边地物以及山区植被阴影的影响，个别位置的背景会被错分为水体，这可能是由于 DeepLabV3＋使用的全局池化层在一定程度上降低了网络对局部信息的敏感度，导致对噪声的辨别能力不够。U-Net 对山区的小水体分割效果较为准确，但由于 U-Net 在特征提取时没有充分利用全局上下文信息，对于与水体颜色和纹理差异小的地物区分能力不够，出现错分、漏分的问题。AAM-Net 提高了全局上下文信息的利用率，克服了背景中与水体颜色和纹理差异小的地物的影响，能够准确分割遥感影像中水体信息的边缘特征，在山区水体提取中整体的分割效果明显高于对比模型。

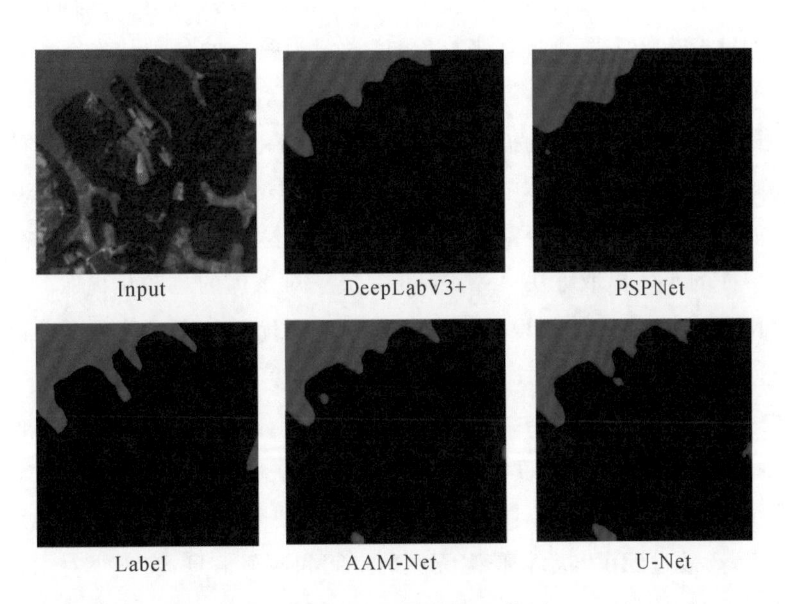

图 11-13　山区水体提取结果

结合表 11-5 对模型的定量分析结果，所提的 AAM-Net 模型在视觉效果和定量分析指标上明显高于其他对比模型。

表 11-5　山区不同网络分割结果对比

模型名称	mPA	Precision	F_1-Score	mIoU
U-Net	92.15	87.13	84.14	82.53
DeepLabV3+	90.54	73.12	82.43	81.92
PSPNet	78.71	85.05	46.28	62.15
AAM-Net	**93.02**	**91.98**	**87.51**	**82.72**

注：加粗字体为最优结果。

11.3 小　结

自动化遥感影像水体信息提取在水资源管理、生态保护、农业发展以及水资源可持续利用等方面具有重要的研究意义和应用价值。实现高精度、高效率、高泛化性的遥感水体提取方法一直是目前研究的热点与难点。传统的水体提取算法需要消耗大量的人力物力，无法适应快速发展的社会生产需要。近年来，以深度学习为核心的各种技术手段已经在遥感领域得到了广泛的应用。其中卷积神经网络凭借权重共享和平移不变的特性在语义分割领域取得了显著的成果，其快速、准确的提取能力为水体自动化提取提供了一种新的方式。

为解决遥感图像自动提取水体中多尺度特征利用率不足、全局上下文信息整合效果差、关键特征感知能力弱而导致水体分割精度下降的问题，本实验以卷积神经网络为核心，提出了基于多尺度特征的水体提取方法 AAM-Net 完成了对水体的自动化提取。与现有语义分割网络进行对比，该方法在水体提取精度上具有一定的优势。通过消融实验以及和不同网络的对比得出以下结论：

(1) 通过在传统的 U-Net 网络结构基础上结合卷积注意力模块和空洞空间金字塔池化模块，有效地利用了水体的不同尺度特征并提高网络对关键特征的感知，有效解决了深层语义特征和浅层纹理特征对水体的不同尺度利用率低的缺陷，同时利用卷积注意力模块对特征进行权值约束，高效过滤了与水体信息无关的空间和通道信息，实现了对水体影像的多尺度处理和精细化提取。

(2) 在 GID 数据集上的实验结果表明，本章所提的方法与其他常用网络模型相比具有更高的 mIoU，能够准确提取水体信息，降低其他地物的噪声干扰，且在农村地区、城市地区以及山区等不同场景的水体分割效果更好、普适性更强。

参考文献

[1] 方臣,胡飞,陈曦,等.自然资源遥感应用研究进展[J].资源环境与工程,2019,33(4):563-569.

[2] 周前祥,敬忠良,姜世忠.多源遥感影像信息融合研究现状与展望[J].宇航学报,2002(5):89-94.

[3] 李德仁,张良培,夏桂松.遥感大数据自动分析与数据挖掘[J].测绘学报,2014,43(12):1211-1216.

[4] WEI Y,LI Y,DING Z,et al. SAR Parametric Super-Resolution Image Reconstruction Methods Based on ADMM and Deep Neural Network[J]. IEEE Transactions on Geoscience and Remote Sensing,2021(59-12).

[5] WU P H,SHEN H F,ZHANG L P,et al. Integrated fusion of multi-scale polar-orbiting and geostationary satellite observations for the mapping of high spatial and temporal resolution land surface temperature[J]. Remote Sensing of Environment,2015,156:169-181.

[6] WU M Q,HUANG W J,NIU Z,et al. Generating daily synthetic Landsat imagery by combining Landsat and MODIS data[J]. Sensors,2015,15(9):24002-24025.

[7] LIU X,DENG C W,CHANUSSOT J,et al. StfNet:a two-stream convolutional neural network for spatiotemporal image fusion[J]. IEEE Transactions on Geoscience and Remote Sensing,2019,57(9):6552-6564.

[8] SHEN H F,MENG X C,ZHANG L P. An integrated framework for the spatio-temporal-spectral fusion of remote sensing images[J]. IEEE Transactions on Geoscience and Remote Sensing,2016,54(12):7135-7148.

[9] 张良培,何江,杨倩倩,等.数据驱动的多源遥感信息融合研究进展[J].测绘学报,2022,51(7):1317-1337.

[10] LOWE D G. Distinctive image features from scale-invariant keypoints [J]. International Journal of Computer Vision,2004,60(2):91-110.

[11] ROSENFELD A,KAK A C. Digital picture processing - Volume 1,Volume 2[J]. Computer Science & Applied Mathematics New York Academic Press Ed,1982,6(2):113-116.

[12] LUO Y,TRISHCHENKO A,KHLOPENKOV K. Developing clear-sky,cloud and cloud shadow mask for producing clear-sky composites at 250-meter spatial resolution for the seven MODIS land bands over Canada and North America[J]. Remote Sensing of Environment,2008,112(12):4167-4185.

[13] 邵振峰,党超亚,张红泮,等.多源遥感数据在战场环境智能态势感知的现状及展望[J/OL].中国空间科学技术:1-10[2023-02-19].

[14] YE F,SU Y,XIAO H,et al. Remote sensing image registration using convolutional neural network features[J]. IEEE Geoscience and Remote Sensing Letters,2018,15:232-236.

[15] YE Y,BRUZZONE L,SHAN J,et al. Fast and robust matching for multimodal remote sensing image registration[J]. IEEE Geoscience and Remote Sensing,2019,57:9059-9070.

[16] 钟燕飞,吴浩,刘寅贺.湿地遥感制图研究现状与展望[J].中国科学基金,2022,36(3):420-431.

[17] LIU W,ANGUELOV D,ERHAN D,et al. Ssd:Single shot multibox detector[C]//European conference on computer vision. Cham:Springer,2016:21-37.

[18] ZHANG S,WEN L,BIAN X,et al. Single-Shot Refinement Neural Network for Object Detection[C]//Proceedings of the IEEE Conference on Computer Vision and Pattern Recognition. Salt Lake City:IEEE,2018:4203-4212.

[19] LIN T Y,GOYAL P,GIRSHICK R,et al. Focal Loss for Dense Object Detection[C]//Proceedings of the IEEE International Conference on Computer Vision. Venice:IEEE,2017:2980-2988.

[20] XIA G S,BAI X,DING J,et al. DOTA:A Large-Scale Dataset for Object Detection in Aerial Images[C]//Proceedings of the IEEE Conference on Computer Vision and Pattern Recognition. Salt Lake City:IEEE,2018:3974-3983.

[21] MA J,SHAO W,YE H,et al. Arbitrary-Oriented Scene Text Detection via Rotation Proposals[J]. IEEE Transactions on Multimedia,2018,20(11):3111-3122.

[22] JIANG Y,ZHU X,WANG X,et al. R2CNN:Rotational Region CNN for Orientation

Robust Scene Text Detection[J]. arXiv:2017,1706.09579.

[23] RICHARDS J A. Remote sensing digital image analysis:An introduction[M]. Berlin, German:Springer-Verlag Berlin Heidelberg,2012.

[24] 童庆禧,张兵,张立福. 中国高光谱遥感的前沿进展[J]. 遥感学报,2016,20(5):689-707.

[25] 张兵. 高光谱图像处理与信息提取前沿[J]. 遥感学报,2016,20(5):1062-1090.

[26] 张兵. 光学遥感信息技术与应用研究综述[J]. 南京信息工程大学学报(自然科学版),2018,10(1):1-5.

[27] CHENG G,ZHOU P C,HAN J W. Learning rotation-invariant convolutional neural networks for object detection in VHR optical remote sensing images[J]. IEEE Transactions on Geoscience and Remote Sensing,2016,54 (12):7405-7415.

[28] ZHANG Z X,SHAO Y,TIAN W,et al. Application potential of GF-4 images for dynamic ship monitoring[J]. IEEE Geoscience and Remote Sensing Letters,2017,14(6):911-915.

[29] TONG Q X,XUE Y Q,Zhang L F. Progress in hyperspectral remote sensing science and technology in China over the past three decades[J]. IEEE Journal of Selected Topics in Applied Earth Observations and Remote Sensing,2014,7(1):70-91.

[30] LEI L,ZHOU J,Ling H,et al. Mineral mapping and ore prospecting using Landsat TM and Hyperion data,Wushitala,Xinjiang,northwestern China[J]. Ore Geology Reviews,2017,81:280-295.

[31] 刘伟权,王程,臧彧,等. 基于遥感大数据的信息提取技术综述[J]. 大数据,2022,8(2):28-57.

[32] 董金玮,吴文斌,黄健熙,等. 农业土地利用遥感信息提取的研究进展与展望[J]. 地球信息科学学报,2020,22(4):772-783.

[33] PRATIWI H,WINDARTO A,SUSLIANSYAH S,et al. Sigmoid Activation Function in Selecting the Best Model of Artificial Neural Networks[J]. Journal of Physics:Conference Series,2020,1471(1):012010.

[34] NAIR V,HINTON G E. Rectified linear units improve restricted boltzmann machines[C]. Proceedings of the 27th international conference on machine learning (ICML-10),Toronto,Canada,2010:807-814.

[35] ZHONG L,HU L,ZHOU H. Deep learning based multi-temporal crop classification[J]. Remote Sensing of Environment,2019,221:430-443.

[36] GORELICK N,HANCHER M,DIXON M,et al. Google Earth Engine:Planetary-scale

geospatial analysis for everyone[J]. Remote Sensing of Environment, 2017, 202: 18-27.

[37] 孙营伟,周萍,杨光,等.多源遥感数据在油气异常信息提取中的应用[J].地质科技情报,2016,35(4):202-207.

[38] 张毅,陈成忠,吴桂平,等.遥感影像空间分辨率变化对湖泊水体提取精度的影响[J].湖泊科学,2015,27(2):335-342.

[39] TONG X,XIA G,LU Q,et al. Land-cover classification with high-resolution remote sensing images using transferable deep models[J]. Remote Sensing of Environment, 2020,237:111322.

[40] WANG Q, WU B, ZHU P, et al. ECA-Net: Efficient Channel Attention for Deep Convolutional Neural Networks[J]. arXiv preprint arXiv:1910.03151,2019.

[41] CHOLLET F. Xception: Deep Learning with Depthwise Separable Convolutions[J]. arXiv preprint arXiv:1610.02357,2016.